ちくま学芸文庫

公理と証明
証明論への招待

彌永昌吉　赤 攝也

筑摩書房

本書をコピー、スキャニング等の方法により無許諾で複製することは、法令に規定された場合を除いて禁止されています。請負業者等の第三者によるデジタル化は一切認められていませんので、ご注意ください。

まえがき

　本書は 1955 年に小山書店から出版された『新初等数学講座』を構成する諸書のうちの二冊：

　　　公　理（彌永昌吉・赤攝也）
　　　基礎論（赤攝也）

を合わせて一冊としたものである．（なお，この『新初等数学講座』は 1963 年にダイヤモンド社より再刊された．）そのうちの「公理」が本書の第 1 章,「基礎論」が第 2 章と第 3 章になっている．一冊にする際，書名を『公理と証明』とした．

　ところで，数学とはどういうものかに関心を持った人は，公理とは何か，証明とは何かについて，なにがしかの答えを用意していることであろう．中学校で図形を教わるとき，あるいは，高等学校で幾何を教わるとき，おそらく教科書にこれらについてのなにがしかの説明が書いてあり，教師はその記述を出発点として公理・証明についてささかの説明をするだろう．だから，数学に関心のない人，さらには数学の嫌いな人にも公理・証明という言葉は耳新しいものではないはずだ．

本書は『公理と証明』という題名のとおり，公理や証明とはいったいどういうものかを詳しく語ることを目的としている．その内容は，公理や証明についてなにがしかの知識を持っている人達にさえも，おそらくはなんらかの程度の新認識を与えるだろうという期待を持って書かれたものである．

　数学は，学問のなかで最も確実なもの，疑えないものと考えられている．1+1=2，これは疑いようのない真理である．これだけではない．数学を使って計算をすればこうなる，と言われれば，反対のしようがない．おそらく数学は最も確実な学問と考えられている，と言っても決して言い過ぎではないと思う．

　数学の中にはいろいろな分野がある．代数学，幾何学，解析幾何学，微分積分学，確率論，統計学，……．これらはすべて，いくつかの文（命題）を出発点とし，推論によって種々のことを導き出していく．その出発点である命題の個々が「公理」，それらをひとまとめにしたものが「公理系」，新しいことを導き出す推論のかたまりが「証明」，導き出された新しい事柄が「定理」と言われるのである．

　一つの公理系から導き出された定理の総体を「理論」と言っている．数学はそのような多くの理論の総称に他ならない．

　推論の積み重ねである証明は，人間の理性の生産物であって，生まれた人間が成熟していくにしたがって，理性も成熟していき，15, 6歳にもなれば，一人前となって，定理

の生産に参加できるようになるのである．この能力を「推理力」という．

むかしから，この「推理力」は人間のみの所有し得る能力である，慎重に扱えば決して間違った結論に到達することのない素晴らしいものであり，人間があらゆる生物に君臨し得るのは，この能力のお蔭であるとさえ考えられてきた．

しかし，この信仰は19世紀末に無残にも打ち砕かれてしまったのである．「集合論」という数学の分野——これはゲオルク・カントールというドイツの数学者が創り出したじつに魅力のある理論なのだが，この中でなんと「矛盾」が引き出されてしまったのである．「矛盾」というのは「馬は馬でない」「人間でないものは人間である」という類いのナンセンスのことを言う．

この，集合論が矛盾を抱えている，ということを発見したのは，バートランド・ラッセルというイギリス人である．

数学者たちは二つに分かれた．一方は楽観派で，「それは何かの間違いだろう，やがて真相が明らかになるに違いない」という人たち．他方は言うまでもなく悲観派で，「これは大変なことになった．なんとかしないと数学がつぶれる」と考えた人たちである．

詳しいことは本文にゆずるが，結果は後者に軍配が上がった．結論はこうである：

1. 公理系はどうであるべきか．

 2. 証明はどうであるべきか.

を詳細に検討する一つの理論を作っていかなければならない——というものである.

 この理論は数学ではない.「数学」という学問を対象とする新しい学問である. そこで, これは「数学基礎論」(Foundations of Mathematics),「超数学」(Metamathematics), または「証明論」(Proof Theory) と名付けられた.

 話が長くなったが, 本書は, これまでに述べてきたことをもっと詳しく述べ, 進んで「証明論」の簡単なデッサンを紹介しようとするものである.

 小冊子であるから書き足りないことも多いし, 書いたことにも舌足らずのところもあるが, おもしろく読んだ人や, もっと詳しく知りたいと思った人が一人でも多ければ, われわれの喜びこれに過ぎるものはない. さあ本論へ.

2012 年 6 月 8 日

著 者

目　次

まえがき　3

第1章　公　理

- §1　公理とは何か …………………………… 11
- §2　ギリシアの数学 ………………………… 11
- §3　プラトン，アリストテレス，エウクレイデス … 13
- §4　ストイケイアの書き出し ……………… 15
- §5　ストイケイアの構成 …………………… 19
- §6　ストイケイアの影響 …………………… 22
- §7　ストイケイアの難点 …………………… 24
- §8　平行線の問題 …………………………… 29
- §9　公理主義 ………………………………… 38
- §10　ヒルベルトの公理系 …………………… 47
- §11　モデル …………………………………… 53
- §12　群の公理系 ……………………………… 60
- §13　環と体の公理系 ………………………… 70
- §14　デカルトの幾何学と実数体の効用 …… 78
- §15　公理系の無矛盾性，数学基礎論 ……… 82

第2章　数学の基礎

- §1　数学の基礎 ……………………………… 91
- §2　論理主義 ………………………………… 101
- §3　直観主義 ………………………………… 110
- §4　形式主義と有限の立場 ………………… 120

第3章 証明論
§1 形式的体系 …………………………………… 141
§2 無矛盾性の証明 ……………………………… 160
§3 結　び ………………………………………… 175

あとがき　179
参考文献　183

公理と証明
証明論への招待

第1章 公　理

§1　公理とは何か

'公理とは何か'という問に対して，辞書に書いてあるように'それは理論の基礎になる命題である'とでも答えるならば，一応の説明にはなるであろう．しかしそれでは，'理論'とは何か，'基礎になる'とは何のことか，'命題'とは何か，と追求される熱心な読者があることであろう．

実は，そのように追求してゆく精神があればこそ，公理などというものに人類が到達したのである．

さて，われわれも上のような追求に答えねばならない．それには，'理論とはこういうものである，その基礎になるとはこういうことである……'というような答え方もあるであろう．結局はそこへ落着せねばならないのであるが，われわれはそう正面から答えるよりは，多少回り道と思われても，歴史をさかのぼったり，例をあげたりしながら，少しゆっくりお話ししてみたいと思う．

§2　ギリシアの数学

'数学はギリシアでできた'というのが，数学史上の定説となっている．一般に定説はすぐ受け入れるという従順な

性質の人と，定説にはいちいち反撥してみるという能動的な性質の人とがある．前にいった'追求の精神'は，従順な性質よりも，能動的な性質のほうに縁が近いようであるが，多くの人に受け入れられている説というものは，よく吟味してみると，もっともなことが多いものである．ただ定説であるということだから，という理由だけで信ずるのは，同じ理由だけでいちいち反撥するのと同様に，あまり学問的な態度とはいえまい．デカルト（Descartes, 1596〜1650）もいったように，一応は'すべてを疑い'，しらべつくして納得のいった上で受け入れる，というのが，研究的な態度というものであろう．

――これは脱線したが，'数学はギリシアでできた'という定説が，ほんとうかどうかということは，'数学とは何か'ということの解釈にもより，ギリシアよりずっと以前のエジプトにも，またバビロニアにも数学はあった；だから，数学はギリシアではじめてできたのではない――というのも一理あることではある．それにもかかわらず，上のような定説が行われているというのは，やはりそれだけの理由があるからなのである．

エジプトやバビロニアの実態が知られるようになったのは比較的近年のことである．1930年代から，そのころゲッチンゲンにいた（のちアメリカに渡った）オットー・ノイゲバウアー（O. Neugebauer, 1899〜1990）がクサビ形文字でしるされたバビロニアの数学文献を解読して，ハムラビ王朝のころ（紀元前1700年ごろ）発達していた数学の内容

をだいぶ明らかにした．エジプト文献の解読は，それ以前からも行われていたが，この方面の研究もやはり1930年代から著しく進歩したのである．19世紀の終りから20世紀の初めにかけて出版された有名なモーリツ・カントルの数学史の書物などには，ギリシア以前のことはほとんど書いてない．

しかし'数学がギリシアでできた'という'定説'の根拠はカントルの責任ではない．最近の数学史の進歩によっても，あるいは進歩すればするほど，ギリシア以前の数学と，ギリシア以後の数学との間には，（たとえ同じ'数学'の名で呼ぶにしても）本質的な区別のあることが明らかになってくるのである．その本質的な区別を一口でいえば，ギリシア以前の数学には'公理がなかった'ということである．語をかえていえば，ギリシアではじめて理論の基礎——公理というものを明らかにしたところの体系化された数学が現われたのである．今日の数学はギリシアでできた思想をそのまま受けついで進んでいる．その意味で，ギリシアで数学ができた，ということが定説として受け入れられているのである．

§3 プラトン，アリストテレス，エウクレイデス

ギリシアといっても，いわゆるギリシア文化は，紀元前5世紀ごろから紀元後3〜4世紀までにわたっているので，'ギリシアで数学ができた'という表現は，実ははなはだあいまいである．実際，ギリシアの数学は，数世紀ある

いは十数世紀のうちに，徐々に発達して来たものであって，一朝一夕にして'公理ができた'わけではないのである．

ギリシア人は合理的に考えることを好む民族であった．それはプラトンの諸著作の中に批判の対象として扱われているソフィストの言論にもすでに見られる．プラトンは理路整然と展開されるソクラテスの対話のうちにかれの理想主義の哲学を述べた．その中には，数学についても一再ならず言及がなされている．アリストテレスに至っては，次の明確な記述がある：

'証明的な学問は，証明されない原理——第一原理——から出発しなければならない．そうでなければ，証明はどこまでも続いて終るところがないであろう．これらの証明されない原理のうち，あるものはすべての科学に共通であろう．また他のものはその科学に特有なものであろう．このすべての科学に共通な原理を**公理**という．例えば，等しいものから等しいものをとり去った残りは相等しい，という原理がそれである．……'（アリストテレスはここで公理 axiom という語（の原語）を用いている．原語のギリシア語としての意味は，正しいこと，価値あること，というような含みである．）

ギリシア数学の集大成とみられるエウクレイデス（ユークリッド）の'**ストイケイア**'（原論）は，'証明的な学問'の最初の例であった．プラトンの諸著作にあらわれるソクラテスも'理路整然'といろいろなことを証明してはいる

が，それは弁証法的，文学的であって，とうていストイケイアの本格的な'証明'には及ばない．このストイケイア自身一朝一夕にできたのではないのであって，エウクレイデスは編集者にすぎないともいわれているが，ともかくここに'証明によって組織づけられた体系的な学問'の典型が与えられた．これはギリシアの文化遺産としても最大のものの一つであった．

§4　ストイケイアの書き出し

ストイケイアの最初の部分は，わが国でもすでに何回か紹介されている（たとえば，近藤洋逸，黒田孝郎両氏の'数学史'（中教出版），彌永昌吉の'現代数学の基礎概念'上（弘文堂），吉田洋一氏および赤攝也の'数学序説'（培風館）等）．

それを読むのはかなり退屈であるが公理がどういうものかを知るには一度は見ておかなければならないものであるから，ここに再録することにする．

定義

1　点は部分のないものである．
2　線は幅のない長さである．
3　線の端は点である．
4　直線*とは，その上の点に対して一様に横たわるよ

---

*　ストイケイアにあっては，'直線'ということばは，今日の'線分'の意味に用いられている．

うな線である．

つぎに '面' '平面' '角' '平角' '直角' '鋭角' '鈍角' (定義5－定義12) の定義があるが，ここでは省略する．

13 境界とは，或る物の終るところである．
14 図形とは，一つ或いは多くの境界によってかこまれたものである．
15 円とは，平面上の，その周といわれるただ一つの線によってかこまれた図形であって，その内部の1点からその線にいたる線分がすべて相等しいものである．
16 その1点を円の中心という．

このつぎには，'直径' '半円' '直線図形' '三角形' '四辺形' '多辺形' '等辺三角形' '二等辺三角形' '不等辺三角形' '直角三角形' '正方形' などの定義が述べられ，そして最後には '平行' の定義がやってくる．

23 同一平面上にある二つの直線は，その各々を両方に限りなく延長しても交わらないとき，平行であると称する．

公準 つぎの事柄が前もって要請される：
1 任意の点から任意の点へ直線を引き得ること．
2 直線をまっすぐに延長できること．

3 任意の中心,任意の半径をもった円をえがき得ること.
4 直角がすべて相等しいこと.
5 一つの直線が二つの直線と交わって,その同じ側に,和が2直角よりも小なる内角をつくるとき,その二つの直線を限りなく延長すれば,その合わせて2直角よりも小なる内角のある側において相交わること.
(第1図を参照)

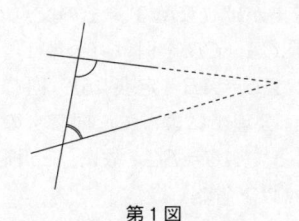

第1図

公理
1 同じものに等しいものは相等しい.
2 等しいものに等しいものを加えれば,その和は相等しい.
3 等しいものから等しいものを取り去れば,その残りは相等しい.
4 等しくないものに等しいものを加えれば,その全体は等しくない.
5 同じものの2倍は相等しい.
6 同じものの半分は相等しい.

7 互に他をおおうものは相等しい.
8 全体は部分よりも大である.
9 二つの直線が面をつつむことはない.

命題1 与えられた直線の上に等辺三角形*をつくれ.

与えられた直線を AB とせよ. この AB の上に等辺三角形を作ろう, というのである. まず, A を中心, AB を半径として円をえがけ (公準3). また, B を中心, BA を半径として円をえがけ (公準3). その交点 C より, A, B へそれぞれ直線 CA, CB を引け (公準1). A は円 BCD の中心だから, $AC=AB$ (定義15). 同様にして $BC=BA$. しかるに, 公理1によって, 同じものに等しいものは相等しい. よって $AC=BC$. 故に, 三角形 ABC は求めるものである. (以下省略)

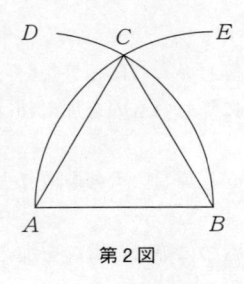

第2図

---

* 正三角形のことである.

§5 ストイケイアの構成

ストイケイアが，大体どのような調子で展開してゆくかは，以上でほぼあきらかになったと思われる．しかし，念のために，ここに一応の説明を加えておこう．

まず，上にも見られる通り，ストイケイアは'定義'から書きはじめられる．これは，周知のごとく，以下の理論の中に用いられることばの意味を限定するためのものに他ならない．

一般に，学問においては，用語の意味がはっきりしていない場合には，議論をすすめるのに非常に不便であるのみならず，しばしば，重大な困難のあらわれることがあるのである．それは，例えば'大きい'というようなごく卑近なことばでさえも，その使い方をはっきり限定しておかないと，'地球は大きい''いや小さい'などと，収拾がつかなくなってしまうことからも察せられるであろう．

したがって，エウクレイデスは，理論をはじめるに際し，その理論の中にでてくる種々のことばを，十分わかったことばを基礎として，はっきり限定しようとするのである．それが'定義'に他ならない．

さて，その定義のつぎには'公準'及び'公理'がくる．

上に引用したアリストテレスのことばの中にも見られるように，すべての証明的な学問は，証明されない'第一原理'から出発しなければならない．

そもそも，なにものかを主張するためには，その根拠となるものが必要である．ところで，その根拠となるものを

主張するためには，またその根拠が必要となってくる．この限りのない操作をどこかで打ち切るためには，どうしても，他の根拠をもちだしてきて証明する，というような必要が全くない位あきらかな'原理'を探しださなくてはならないであろう．――アリストテレスのいうのは，こういう意味なのである．

ところで，エウクレイデスは，アリストテレスもいったように，この第一原理には，すべての学問に共通なものと，或る学問に特有なものとの二種があると考えたのであった．しかして，その前者をアリストテレスと同様'公理'と名づけ，また，後者に相当するものを'公準'と称しているのである．

いずれにせよ，これらは，ストイケイアに展開される理論の基礎となるものであり，したがって，ストイケイアが正しい真理を伝えるものであるためには，これらは，すべての人に対して，何らの証明なしに，極めて明らかなものと認められなければならない．

事実，これらの命題は，一々読んで見ればわかる通り，それぞれ，いかにも，もっともなことを主張しているわけである．

ところで，話はかわるが，よく考えて見れば，アリストテレスやエウクレイデスの採用した公理と公準との区別は，厳密にいえば極めてむずかしいことなのである．例えば，'互に他をおおうものは相等しい'などという命題が，このストイケイアの関係する学問――幾何学――以外にそ

第1章 公理

んなに必要なものであるかどうかは，たいへんうたがわしい，とも考えられるであろう．

一方，論理的にいえば，公理も公準も，ともに理論の基礎となるところの命題なのであって，その役割には，別に軽重もなければ，また部面の区別も見られない．

このようなところから，後世，その名称の使いわけは廃止され，一つの学問に必要な第一原理は，すべてこれを一律にその学問の'公理'というようになったのであった．

われわれが本書で関与する'公理'とは，アリストテレスやエウクレイデスのいう公理ではなく，今のべたような'学問の第一原理'としての公理なのである．

さて，ストイケイアは，その公理公準をあげたのち，ただちに本論に入って行く．

そこでは，推論のあらゆる段階において，その根拠を，公理，公準，及び，それらを基礎としてすでにたしかめられた事柄に求めようとしていることが見てとれるであろう．

したがって，エウクレイデスのあげた公理公準が，すべての人にとって納得のゆくものであり，また，彼のなした推論がどこにもあやまりのないものであるならば，このストイケイアは，万人に認められる真理を伝えるものとなっているはずである．

われわれが引用したのは命題1のみであるが，エウクレイデスは以下これに引きつづいて，全くこのような調子でもって，総計465の命題を導いている．

その全体は 13 巻に分けられているのであるが，その各々の内容はつぎの通りである（とはいっても，エウクレイデスは別に各巻に一々標題をつけているわけではない）：

第 1 巻　直線形，第 2 巻　面積，第 3 巻　円，第 4 巻　正多角形，第 5 巻　比例，第 6 巻　相似形，第 7, 8, 9 巻　算術，整数論，第 10 巻　無理数，第 11, 12, 13 巻　立体幾何学．

さて，以上でほぼストイケイアの構成はあきらかとなったと思われる．

これは，前にもいったように，まさしく，アリストテレスのいう'証明的な学問'の一つの典型に他ならないのである．しかしてまた，これこそ，ほとんどはじめての数学でもあったのであった．

§6　ストイケイアの影響

ストイケイアの影響には極めて大きいものがあった．

まず，それは次第に，およそ学問と名づけられるものの模範であると考えられるようになっていった．そして，いろいろの著作をば，このストイケイアの構成を範として整頓することがひろく行われた．ニュートン（Newton, 1642～1727）の有名なプリンキピア（Principia），スピノザ（Spinoza, 1632～1677）のエティカ（Ethica）などは，そのうちの最も著名なものである．

また，ストイケイアは，人間の理性，ないしは論理能力

を錬磨するための好個の教典としてひろく，またながく重用された．

カジョリ（Cajori, 1859〜1930）はつぎのようにいっている：

'知識のどの部門を眺めても，古代の著述家のうちで，初等幾何学におけるエウクレイデスほど，近代教育中に権威ある位置を占めているものはない．'

また，ド・モルガン（De Morgan, 1806〜1871）は，

'聖書を除けば，エウクレイデスのように，多くの人々に読まれ，種々の国語に翻訳されたギリシアの書物はない'

といっている．

例えば，イギリスでは，かなり古くから，実に19世紀のおわりごろに至るまで，ほとんどすべての学校でこのストイケイアそのものが幾何学の教科書として用いられ，その結果，'ユークリッド'といえば幾何学を指した位であった．そして，その伝統の力には極めて強いものがあり，19世紀の中ごろ，ようやくそのような旧態依然たる教育に批判の声が高まって，'幾何学教育改良協会'というものが設けられたのであるが，結局，慣習と妥協してしまった程であった．

また，欧米の他の諸国でも事情はほぼ同様であったといわれている．

すなわち，かくの如くにして，ストイケイアは何世紀もの間人々の心に深くしみこみ，その考え方に直接間接の影響をあたえることとなったのである．たいへん雑な推測であるが，現今の人々の物の考え方やことばづかいの傾向には，かなりこのストイケイアの影響によるものが見られるのではないかと思われる．

ところで，ギリシア以後，数学そのものは，極端にいえば，まさしくこのストイケイアを中核とし，それから新たなものが生みだされたり，それに異質のものが融合したり，というような仕方で発展して行った．しかして，或る意味では現代の数学は，いかなる時代の数学にもまして'ストイケイア的'なのである．したがって，考えようによっては，このストイケイアこそ数学の淵源であった，といっても過言ではないであろう．

これを以て見れば，われわれが本章冒頭において述べたところの'数学はギリシアでできた'ということばは，ますます深い意味を蔵しているものであることがわかる．

われわれは，結局，このストイケイアからどのようにして現代の数学が生まれるに至ったかということ，及び，現代の'公理'とは具体的に一体どのようなものであるかということについて説明するのをその目標とする．以下に，それを順を追って見てゆきたいと思う．

§7　ストイケイアの難点

われわれは，上にストイケイアの偉大さについて述べ

た.

　しかしながら，それは歴史的事実――すなわち，ストイケイアが実際にあたえた影響――の記述にすぎないのであって，このことは決してストイケイアが完全無欠のものであったということではない．

　実をいえば，ストイケイアには，大小さまざまの難点が含まれていたのである．そして，その難点のあるものは，すでにかなり古くから問題とされていた．

　いくつかの例をあげて見よう．

　まず，'定義' についてであるが，'線とは幅のない長さである（定義2）' などといっても，幅とか長さとかいうことばは，すでに線，あるいはそれに類するものを予想しているのではないかとも考えられる．しかして，もしそうだとしたら，これは，線ということば自身をもって線を定義しているようなもので，あまり適当な定義とはいえないことになるであろう．

　また，'線の端は点である（定義3）' といっているが，'線' というものは上に引用した定義2でもって定義されており，その結果，すでに一つの定まった意味をもっているものと考えることができる．そうすれば，この定義3は，すでに定義された '線' というものについて，一つの新しい事実を '主張' していることになるわけであって，それ故，これは公準の中にでも加えるか，さもなければ証明をしなければならない事柄である，ということになるであろう．

また，'境界とは或る物の終るところである（定義13）'などというのも，あまりはっきりした表現とはいわれない．

　さらに，ストイケイアの中で行われている推論には，公理にも公準にも書いてないことを用いている部分もかなりあるのである．例えば，さきに紹介しておいた'命題1'においてさえも，すでにそういう個所を見出すことができる．すなわち，そこでは，二つの円をえがき，その交わりを求めているが，その二つの円が'相交わる'ということには，実は何らの保証もあたえられていない．このようなことは，いかに明らかなことに見えようとも，およそ，それを用いるのならば，公理か公準かに書いておくべきことであり，それがないことは，ストイケイアの大きな欠点といわざるを得ないであろう．

　また，あとでも述べるが，公理や公準にも，その性格に大きな問題のふくまれていることがあきらかとなってきたのであった．

　すなわち，かくの如く，ストイケイアは決して完全なものではなかったのである．

　ところで，ストイケイアが長い間尊敬され，また教科書として用いられた，というとき，決して，上のようなその欠陥を時の人たちが知らなかったというのではない．

　イギリスなどで，長らくストイケイアが教科書として使われたことを正当に理解するためには，その社会の事情とか伝統とかいうものをも考慮に入れて見なければならな

い.

　例えば，イギリスの大学では，多くの志願者や学生に平等な試験を課すのに，昔からしたしまれているストイケイアの記述の筋道を厳密に固定しておくことは，大変重要でしかも便利なことであると考えられた．また，もちろん，このイギリス人という国民の，かの有名な保守性をも考えなくてはならないであろう．

　さらに，ストイケイアの欠点をおぎなって，厳密な幾何学を教育することは，教師の学問的な良心を満足させる効果はあるかも知れないが，余程慎重にしない限り，教育的見地からは必ずしも好結果をもたらさないであろうと考えられる．

　しかしながら，このような事情は，実はほんの一面にしかすぎない．

　ストイケイアが人々の心をとらえた最も大きな原因は，おそらくは，その数々の欠点にもかかわらず，ひときわ輝くその典雅さであったろう．実に，これこそ，ストイケイアが知を愛するすべての心をひきつけてはなさなかったその魅力の源泉であったと思われるのである．そしてまた，この魅力によってはじめて，それは以後のあらゆる数学の母胎ともなり，その欠点さえもが積極的な研究の課題となり得たのであった．

　　注意　わが国の幾何学教育について，ちょっと蛇足をつけ加えておく：

　　わが国では，明治21年（1888）に，当時東京大学の教授で

あった菊池大麓氏が'初等幾何学'という教科書をあらわしたのであるが，これがその後ながらく全国を風靡し，現代にいたるまで大きな影響をのこしている．

これは，前にもふれたイギリスの'幾何学教育改良協会'によってつくられた案にのっとって編纂されたものである．そして，一方ではストイケイアの体裁をできるだけ保存しようとし，他方では教育的な効果をもねらおうとして，相当な苦心がはらわれている．

ここに，参考のために，その書物に採用された公理をあげておこう．菊池氏は，ストイケイアの公理に相当するものを'普通公理'と呼び，公準に相当するものを，それぞれ'幾何学公理'及び'作図の規矩'と呼ばれるものの二種に分けている：

普通公理

公理甲　全量はその部分より大なり．

公理乙　全量はその総ての部分の和に等し．

公理丙　同じ量に相等しき量は相等し．

公理丁　相等しき量に相等しき量を加ふれば，その和は相等し．

公理戊　相等しき量より相等しき量を減ずれば，その残りは相等し．

公理己　相等しからざる量に相等しき量を加ふれば，その和は相等しからず；その大なる方へ加へたる和が他より大なり．

公理庚　相等しからざる量より相等しき量を減ずれば，その残りは相等しからず；その大なる方より減じたる残りが他より大なり．

公理辛 相等しき量の同じ倍数の量は相等し.
公理壬 相等しき量の同じ分数の量は相等し.

幾何学公理
- **公理1** 全く相合せしむる(重なり合はす)を得る物の大いさは相等し.
- **公理2** 二つの点を過り一つの直線を引くことを得, しかしてただ一つの直線に限る.
- **公理3** 同一の点を過り一つの与へられたる直線に平行なる直線は一つ有り, しかしてただ一つあるのみ.

作図の規矩
1 一つの任意の点より他の任意の点へ直線を引くことを得.
2 限りある直線を任意の長さに延長することを得.
3 任意の点を中心とし, 任意の半径をもって円をえがくことを得.

ストイケイアの公理公準とくらべてみられるのも一興であろう.

§8 平行線の問題

われわれは, 前節において, ストイケイアの公理, 公準の性格に問題のふくまれていることが明らかとなったと述べた. 本節と次節では, そのいきさつについて述べようと思う.

ところで, それを語ることは, 必然的にまた, '公理' というものの性格変遷の歴史, ひいては, '数学とは何か' と

いうことについての考え方の歴史を語ることにもなるのである．故に，われわれは，この記述を通じて，'公理'したがって'数学'というものの現代的な意味，及びその由来の概略の説明をすることにもなるであろう．

さて，そもそも，公理（公準もふくめて）とは学問の'第一原理'のことであった．それ故，その学問が，宇宙の真理を探し求めるものであるならば，その出発点であるところの公理は，絶対に'正しい'ものでなくてはならないであろう．すなわち，たとえば，幾何学というものが，われわれの住むこの空間の真理を求めるものであるとすれば，ストイケイアの掲げる公理，公準は，すべて，この空間において必ず成立するところのことでなくてはならないのである．

しかも，他方，公理（及び公準）は，証明なしに承認されなくてはならないものであった．

よって，もし，ストイケイアが空間の真理を伝えるものであるためには，その公理（及び公準）は，万人にとって正しいものとして受け取られなければならないことはもとより，その受け入れのためには，それ自身以外のいかなる根拠も必要であってはならない——すなわち'自明'でなくてはならない——はずなのである．

ところが，実は，問題が起ったのはこの点であった．いいかえれば，これらの公理及び公準は果して'自明'であるのか，という疑いが起ってきたのである．

そのような疑いは，実は，前からもないことはなかった

のであるが,それを極めて深刻なものにしたのは,19世紀はじめになされたところの,世にいう'非ユークリッド幾何学'の発見であろう.

以下に,この事件にいたるまでのいきさつを,極く手短かに話してみることにする.

この問題の起りは,或る意味では極めて古く,その端緒となったのは,'**平行線の公準**'といわれる,ストイケイアの第5の公準である.

念のために,この公準を再録して見よう:

> '一つの直線が二つの直線と交わって,その同じ側に,和が2直角よりも小なる内角をつくるとき,その二つの直線を限りなく延長すれば,その合わせて2直角よりも小なる内角のある側において相交わる.'

すなわち,第3図のように,直線 m が2直線 l, l' と交わり,角 α, β が

$$\alpha + \beta < 2 \text{直角}$$

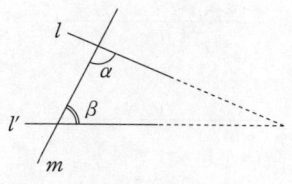

第3図

なる条件を満足するならば，l, l' は，m の，α, β のある側で相交わる，というのである．

まず，この公準と他の公理・公準とを比べてみれば，これが他のものに比して，いささか長たらしく複雑な表現であり，しかも，何か必要があってあとからつけ加えられたものではないか，というような印象を受けるであろう．

話は，実は，この公準が果して自明か，というのである．

以下の説明の便宜のために，いま少しこの公準の内容とその役割とを吟味しておく．

ところで，そもそも，この公準がストイケイアではじめて用いられるのは命題29なのであって，しかもこの命題は本質的には第5の公準と同等なのである．そこで，事情をより鮮明にするために，この命題29の近所にある命題を幾つか引用しながら吟味をすすめることにしよう．

命題27 一つの直線が二つの直線に交わってなす錯角が相等しいならば，この2直線は互に平行である．

　注意 二つの直線 l, l' が一つの直線 m と第4図のように

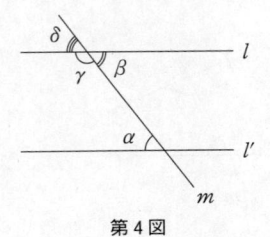

第4図

交わるとき, α と β とのような関係にある二つの角を '錯角' という. また, α と γ のような関係にある角を '同位内角', α と δ のような関係にある角を '同位角' と称する. このことばをつかえば, 第5公準はつぎのようになるであろう: '二つの直線が一つの直線 m と交わってなす片側の同傍内角の和が2直角よりも小ならば, その2直線は, m のその同傍内角のある側で相交わる'.

命題 28 一つの直線が二つの直線に交わってなす同位角が等しいか, 或いは同傍内角の和が2直角に等しければ, この2直線は平行である.

命題 29 一つの直線が二つの平行線に交わってなす錯角は相等しく, 同位角は相等しく, かつまた同傍内角の和は2直角に等しい. (引用はこれで終り)

さて, まず命題27によれば,

'1直線 l 外の1点 P を通って, l に平行な直線を引くことができる'

という命題を, つぎのようにして証明することができる

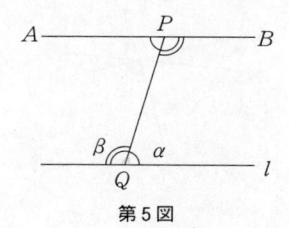

第5図

(すなわち,このことは,第5公準を全く使わないで証明できるのである.第5図参照):

P と l 上の1点 Q とをむすび,PQ と l とのなす角を α, β とする.次に,P を通って直線 APB を引き,角 QPA が角 α に等しいようにする.この APB がわれわれの求める'l と平行な直線'であることは命題27から明らかであろう.

ここで作られた平行線:APB と l とについては,同位角が相等しく,また同傍内角の和がまさしく2直角になっていることに注意する.

ところで,P を通る二つの直線に対して,第6図のように PQ を引いた場合,これがそれらの2直線および l と交わってなす同傍内角の和は,少なくとも一方は2直角と異なるであろう.しからば'公準5'によって,その2直角と異なる同傍内角をつくる直線は l と交わらなくてはならないことになる.

したがって,P を通って l に平行な直線としては,上に作った APB ——すなわち,錯角,同位角が相等しく,同傍

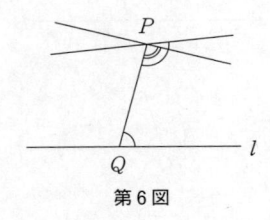

第6図

内角の和が2直角になるようなもの——以外には，一つもあり得ないのである．これが命題29に他ならない．

さて，以上述べたところによって，第5の公準は

'1直線外の1点を通ってそれに平行な直線は，1本よりも多くはひくことができない'

といいかえても，また，これを命題29でおきかえても，その効果に何らかわりのないことが知られるであろう．すなわち，1直線外の1点を通ってこれに平行な直線の存在することは，この公準とは関係なくたしかめることができるのであるが，この第5公準は，そのような平行線がただ1本しかないことを主張するわけなのである．

以上で，大体第5の公準の性格は明らかになったと思われる．

これによっても見られる通り，この公準は，幾何学を展開するのに極めて重要な役割を演じるものなのである．

しかしながら，一方，これが他の公理公準に比べていささか外観が複雑であり，しかも，いわば本論の'命題'の中に加えてもよさそうな内容をもっているということも，これまた否定できないであろう．そして，この公準の真否をたしかめるには，直線を'無限に'のばして見なくてはならないのであるから，見ようによっては，他の（有限的な）公理公準に比べて，その'自明性'がやや稀薄だといっていえないこともない．

さらに，公準のあげ方の調子から想像をたくましうすれ

ば，エウクレイデスはこのようなことは十分知っていたのであり，はじめは公準を四つだけにして議論をすすめようと思ったのだけれども，上の命題29をどうしても証明することができず，しかたなく第5公準を追加したのではないか，とも考えられるのである．

ともかく，このような次第で，古くから人々は，この公準の真理性はうたがわないだけではなく，これを他の公理公準から証明しようと努力してきたのであった．

エウクレイデス自身これを試みたかどうかはもとよりあきらかではないが，この努力の歴史がいかに古いかは，紀元5世紀にプロクロス（Proklos, 410～485）という人の書いたストイケイアの注釈書にも，そのような試みが数多く記録されているのでも察せられるのである．

西欧がローマ以後いわゆる暗黒時代に埋もれたとき，ギリシア文化は，人も知る通り，主としてアラビアに継承されていた．しかし，そこでも同様の努力が記録されている．

さらに，ルネッサンスでギリシア文化がヨーロッパに復興するや，この第5公準証明の問題——いわゆる '平行線の問題' ——もまたここに復興した．

そして，蜿蜒とむなしい努力のくりかえしの後，遂に19世紀初頭にまで至ったのである．

この頃になると，上のような先人たちの失敗の歴史にかんがみて，平行線問題を解決することは不可能なのではないか，とか，或いはさらにすすんで，この公準はひょっと

すると間違いなのではあるまいか，とか考える人たちがぽつぽつあらわれるようになってきた．例えば，有名な数学者ガウス（Gauss, 1777〜1855）もその一人である．しかしながら，大部分の人々は依然として，この公準の真理性をうたがおうとはしなかったのであった．

ところが，このとき，破天荒の革命児が出現した．すなわち，ロバチェフスキ（Lobachevski, 1792〜1856）及びボヤイ（Bolyai, 1802〜1860）という二人の数学者は（それぞれ独立に），平行線がただ1本しかないことを主張する第5公準の代りとして，その否定であるところの

> '与えられた直線外の点よりその直線に平行な直線を2本以上引くことができる'

という命題を公準に取り，それ以外の公理公準はそのままとして，一つの全く新しい幾何学を作りあげてしまったのである．これが，世に'**非ユークリッド幾何学**'——くわしくはロバチェフスキの非ユークリッド幾何学——といわれるものに他ならない．

これは相当の大事件であった．そもそも，真理の典型といわれたストイケイアに並び立とうとするものがあらわれたのであるから，人々が如何に動揺したかは想像に難くないであろう．

ところが，事態は次第にこれを無視できないものにしていったのであった．

まず，つとに第5公準に疑いをもっていたガウスは，一

体どちらの幾何学が'本当'の幾何学であるかを，実際の測量によって定めようと試みたが，遂に答をだすことができなかった．すなわち，必ずしもストイケイアの方に軍配をあげるわけにはゆかないことがわかったのである．

さらに，しばらくして今度は，ケーレー（Cayley, 1821～1895），クライン（Klein, 1849～1925），ベルトラミ（Beltrami, 1835～1900）などの人たちによって，第5公準もその否定も，他の公理公準からは'証明できない'ものであることが，実際に立証されるに至ったのであった．

ことここに至って，エウクレイデスの幾何学とロバチェフスキの幾何学とは，実測の上からも，また論理的にも，全く同等の資格をもって並び立った次第である．これをいいかえれば，第5公準は自明の真理ではなかった，ということに他ならない．

§9 公理主義

当然のことながら，上のようなことが起って以来，一体何が自明であるかということは，極めてあいまいなものとなってきた．あらためてその気になって見直してみれば，第5公準に限らず，他の公理公準でさえも，どうも何かあやしくなってくるのである．

しかしながら，そうであるからといって，ストイケイアが全く無意味のものとなったのかといえば，これは決してそうではない．早い話が，日常の経験からわれわれもよく知っているように，それは経験とかなりよく合い，したが

って十分物の用に立つのである.

また,ロバチェフスキの幾何学にしても事情は同様である.ガウスの実測の結果からも知られるように,それはストイケイアと甲乙ない位実際とよく合うからである.

それでは,一体何が真理だというのであろうか?

実は,人は次第につぎのように考えるようになっていったのであった.

そもそも,学問の性格というものをよく考えてみるとき,——われわれにあたえられた'論理'を別としては——世界についての絶対確実な真理というものはいつの時代にも決してないものである,ともみることができる*.すなわち,われわれはつねにそのような真理に到達しようとしてはいるのだが,結果から見るときはいつでも不完全なものしか得られていない,という風な見方もできるのである.歴史にてらしてみれば,むしろこういう見方の方が——絶対確実な真理がすでにある,というような主張よりも——より的確なのではないかと考えられる.

これを換言すれば,学問というものはつねに近似的なものであるということに他ならない.そして,より近似度の高い学問の方が,より低い学問よりも'よい'というわけなのであろう.

したがって,或る理論が現実とあわない面をふくんでいるということは,必ずしもその学問が無価値であることを

───────────────
* 実をいえば,論理にも問題はある.後述を参照.

意味しないであろう．

　さらに，目的によっては，近似度の高い面倒な理論よりも，少々近似度は低くとも簡単である理論の方がより役に立つということもあり得るのである．例えていえば，黄金の鎚で鉄の釘はうてないであろう．

　その意味で，必ずしも自明ではなくとも，かなりの精密度さえあるならば，それを公理にとって一つの理論を展開してみることは，決して無意味なことではなく，むしろ必要なことでさえあると考えられるのである．

　また，自明とか精密度とかいうものからはなれても，'これこれの命題を基礎とすれば一体どの位のことがでてくるか'ということを調べるのは，知を愛するものにとって極めて興味ふかいことである．その上，そのような理論を作りあげたあとで，偶然，その基礎にとっておいた命題——公理——が真理であるということにでもなるならば，その理論全体もまたにわかに一つの真理となる——という利益さえもあるのである．

　このようなわけで，次第に，'公理とは仮定である'という考え方ができてくることとなったのであった．

　この考え方はもう一歩前進する．

　まず，ストイケイアの構成を見ると，その定義の中には，議論に本質的に用いられているものとそうでないものとがあるのである．

　例えば，

定義 15 円とは，平面上の，その周といわれるただ一つの線によってかこまれた図形であって，その内部の1点からその線にいたる線分がすべて相等しいものである．

定義 16 その1点を円の中心という．

は前者の例であって，これがないとどうしても理論がすすめられなくなってしまうのであるが，

定義 1 点とは部分のないものである．
定義 2 線とは幅のない長さである．

のようなものは，これがなくても，ストイケイアのすべての議論はそのままたどって行くことができる．

すなわち，'点'とか'線'とかいうようなことばの定義は，理解の便のために図をかいたりするのには必要かも知れないが，本論をすすめるのには必ずしも必要なものではない；しかして，点や線とは，ただ公理や公準に書いてあるような性質を満足する'或る物'であると思っておけば，それでストイケイアは読んで行くことができるのである．

さらに，よくしらべてみると，このようにその定義が不要になることばはすべて，ストイケイアの中に出てくる他の幾何学的なことばが，それを基礎として定義されるような，最も基本的なもののみであることがわかってくる．しかも，そのような基本的なことばの定義に限って難解な表現のふくまれているのを見出すのである．

ところで，ひるがえってよく考えてみれば，このような基本的な用語の'全く明確な'限定なるものが果して可能なのであろうか，という疑問が浮かんでくる．

　すなわち，この問題をつきつめて行くと，'公理の自明性'がぶつかったと全く同様の難問にぶつかるのではないであろうか？

　一方，そのような基本的なことばの定義を全くあきらめ，それらのことばによってあらわされる対象を'公理（公準）を満足する或る物'と考えて理論をおしすすめて行ったとしても，その理論の効能は決して減らないのである．

　事実，たとえば，ストイケイアから点や線などの定義を全くのぞき去ったとしても，なおすべての推論が理解できるというのであるから，もしわれわれの日常考える点や線というものがかの公理公準をみたすことさえたしかめられたならば，その幾何学全体はやはりわれわれの現実の空間で成立することになるであろう．

　さらに，理論の中の基本的なことばの定義を切りすてるということには，実はもう一つの利益が含まれている．

　すなわち，そのような理論では，その基本的なことばには定義がないのであるから，われわれはそれらのことばについて公理を満足するものである限り何を想像してもかまわない，ということになるのである．

　たとえば，いまここに

1 2点を含む一つの直線がある．
2 直線には少なくとも二つの点が含まれる．
3 少なくとも三つの点が存在する．

というたった三つの公理から出発する幾何学を想像して見よう．ここでは，'点'や'直線'や'含む'という用語には定義がないから，これらのことばによってあらわされるものは，上の三つの命題を満足するものでありさえすれば何でもよいわけである．

ところで，いま

1° '点'を'奇数($\pm 1, \pm 3, \pm 5, \cdots$)'
2° '直線'を'偶数($0, \pm 2, \pm 4, \cdots$)'
3° '……は……を含む'を'……は……より大きい'

と解釈してみれば，上の三つの命題は

1 二つの奇数よりも大きい一つの偶数がある．
2 偶数には，それよりも小さい少なくとも二つの奇数がある．
3 少なくとも三つの奇数が存在する．

となって，たしかに成立する．

したがって，上の三つの公理から出発する幾何学は，このような'数'の議論と解釈しなおしても，そのまま成立することになるであろう．

つまり，基本的なことばの定義を切り捨てるということ

は，理論の応用分野を飛躍的に増大させるという結果をもたらすのである．

さて，このような関係からつぎのような考え方が起ってきた：

公理の中にあらわれることばのうちの基本的なものには，定義をあたえる必要は別になく，理論をすすめるためには，それはただ'公理を満足する或る物'と考えておけば十分である；また，他の（基本的でない）ことばは，その基本的なものを用いて定義することにすればよい．しかして，そもそも数学とは，公理の真偽によってその価値を云々されるものではなく，このような抽象的な公理——無定義のことばをふくみ，したがって真偽とは関係のない公理——をいろいろと選び，それから理論を展開して行くところの学問である——．

このような数学に対する考え方は'**公理主義**'といわれる．

この公理主義は，今世紀初頭から次第次第に数学界に勢力を得，遂には全くそれをおおいつくしてしまうに至ったのであった．

この旗印をはじめて明確に打ち出して，たくましく実行して見せたのはヒルベルト（Hilbert, 1862〜1943）である．

彼は，まず，ストイケイアのあらゆる論理的な不備を正し，この公理主義の立場から極めて完全な幾何学を建設して見せたのであった．それは Grundlagen der Geometrie (1899) におさめられているが，この書物は公理主義の勢力

振張に最も大きな役割を演じたものである.

われわれは,次節以降において,彼のかかげた公理を紹介し,それを中心として公理主義的数学の様子を見て行きたいと思う.

本節をおわるに際し,二,三の注意をつけ加えておく:

公理主義的数学においては,一つの理論——幾何学とは限らない——の基礎としてとられる公理の集まりを,その理論の '**公理系**' という.また,公理系にふくまれるところの '定義されない' 基本的な術語は,その理論の '**無定義術語**' といわれる.

公理系には一群の '**対象**' がある.たとえば,本節に述べた公理系1,2,3においては,'点である' という性質を満足するものと,'直線である' という性質を満足するもののすべてがその対象となっているわけである.かような,'公理系の対象' となるものの全体の集まりを,その公理系の '**対象領域**' という.

注意 公理系の対象領域においては,——あたかも '区間' というものが多くの '実数' から成り立っているように——一つの対象が '他の幾つかの対象の集まり' となっていることがある.普通,他の対象の集まりとはなっていないような対象のことを公理系の '**狭義の対象**' といい,その全体のことを公理系の '**狭義の対象領域**' と称する.本節であげた公理系1,2,3では,対象領域のすべての対象が狭義の対象となっているわけである.

しかし,あとでも述べるように,ある対象が狭義の対象であるかないかは,或る程度見方や表現の仕方にもよるのであ

って，その区別は絶対的なものではない．

数学の理論で用いられる術語には，大まかにいってつぎの3種がある：

- (α) '1' や '0' のような種類の術語．これらは，対象領域の中の或る特別な対象をあらわすわけである．このようなものを '**対象をあらわす術語**' または '**個体をあらわす術語**' という．
- (β) '……は点である' や '……は……より大きい' などのような種類の術語．これらは，理論の対象の性質，ないしはその間の関係——この二つをまとめて '**述語**' という——をあらわすわけである．このようなものを '**述語をあらわす術語**' と称する*．
- (γ) '……の逆数' や '……と……との和' などのような種類の術語．これらは，幾つかの対象に一つの対象を対応させるはたらき——これらを '**函数**' という——をあらわすわけである．このようなものを '**函数をあらわす術語**' と称する．

したがって，もちろん，無定義術語にも (α) 対象をあらわすもの，(β) 述語をあらわすもの，(γ) 函数をあらわすもの，の3種があるわけである．ただし，くわしくは述べないが，上のような分け方は決して完全なものではないことに注意しなくてはならない．

---

* '点 P をとり……' などという表現は，'点である，という述語を満足する対象 P をとり……' という意味であると解釈する．

なお，公理主義数学では，'三段論法'などのような一般に承認されている論理の法則や物の個数などは，これを何らのことわりなく使用することがゆるされる．また，たいていの場合には，或る条件——性質——をみたす対象の全体を一つにまとめてこれを新しく対象とみなす，という操作によって，対象領域をつくったりふやしたりすることも認められる*．さらに，ここでは省略するが，もっと多くのことがゆるされることもないではない．

これらは，場合に応じてなされる協定によるのであるが，このことについては，のちにもう一度ふれる機会があると思う．

§10 ヒルベルトの公理系

ヒルベルトは，平面および空間の双方における'エウクレイデス幾何学'に対して彼の工夫した公理系をかかげているのであるが，ここでは平面の場合の公理系だけを紹介する．

彼の公理系における'無定義術語'は，——平面の場合も空間の場合も——つぎの五つである：

(α)　対象をあらわすもの：なし

(β)　述語をあらわすもの：'……は点である''……は直

＊　例えば，実数の理論において，二つの実数 a, b に対し，$a<x<b$ なる条件をみたすすべての実数 x をひとまとめにして'開区間 (a, b)' という対象を考えるようなことである．

線である''……は……の上にある''……と……とは合同である''……は……と……との間にある'

(γ) 函数をあらわすもの：なし

注意 'A は B の上にある' という代りに 'B は A を通る' ということがある．また，A が B の上にもあり，かつ C の上にもあるとき，'B と C とは A を共有する' 或いは 'B と C とは A で相交わる' といういい方をすることがある．さらに，'点 P' '直線 l' などというときは，これらは '点である，という性質をもつ P' '直線である，という性質をもつ l' の省略したいい方であると考える．かようなものは便宜上用いられるだけで，本質的には何ら必要なものではない．

以下はヒルベルトの公理系である．これは五つのグループに分けられている：

I　結合の公理

(1) 2点があれば，それらを通るような直線が存在する．

(2) 相異なる2点を通るような直線はただ一つしかない．

(3) 一つの直線の上には少なくとも二つの点がある．

(4) 1直線上にないような少なくとも三つの点がある．

II　順序の公理

(1) 点 B が点 A, C の間にあるときは，A, B, C は1直線上にある相異なる3点で，かつまた B は C と A との間にある．

定義1 点 A と C との間にあるような点の全体を '線

分 AC' という．また，点 A と C との間にある点は線分 AC の上にあるといわれる．

(2) A, B が一つの直線の上の相異なる2点ならば，その直線上に第三の点 C を求めて，B が A と C との間にあるようにできる．

定義2 (2)におけるごとき点 C は，線分 AB の '**延長上にある**' といわれる．

定義3 線分 AB 上，ないしはその延長上にある点，及び点 B は，A より B の '**側にある**' といわれる．

定義4 A より B の側にある点の全体を，A から出て B に向かう '**半直線**' という．また，A より B の側にある点は，その半直線の上にあるといわれる．

定義5 1点 A から出る二つの半直線は，それらを '**辺**' とする '**角**' をつくるといわれる（混同のおそれのない限り，その角を $\angle A$ と記す）．

(3) 1直線上に3点があれば，そのうちのただ一つだけが他の二つの間にある．

(4) A, B, C が1直線上にない3点で，直線 a が A, B, C のどれをも通らないとき，a が線分 AB と1点を共有すれば，それは AC または BC とも1点を共有する*．（第7図を参照）

定義6 1直線 l に対し，点 A, B がその上になく，l が線分 AB と点を共有しないときは，A は l より B の

---

* これを 'パッシュ（Pasch）の公理' という．

第7図

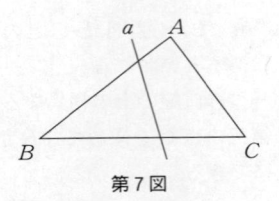

'側にある' という.

定義7　半直線 h の上にあるすべての点が直線 l の上にもあるとき,点 A が l より点 B の側にあるならば,A は h より B の側にあるといわれる.

Ⅲ　合同の公理

(1) 線分 AB があり,また直線 l の上に1点 A' があって,l における A' からの一つの側が定められているとき,その側に B' をとって AB, $A'B'$ を合同ならしめることができる.このとき,$AB \equiv A'B'$ と書く.

(2) 同じ線分に合同な二つの線分はまた合同である.

(3) 点 A, C の間に点 B が,また点 A', C' の間に点 B' があって,$AB \equiv A'B'$, $BC \equiv B'C'$ ならば,$AC \equiv A'C'$ である.

(4) 一つの角と一つの半直線,およびそれよりの一つの側があたえられたとき,その半直線を1辺とし,与えられた側の点のみをふくむ或る半直線を他の1辺として,与えられた角に合同な角をつくることができる.$\angle A$ と $\angle A'$ が合同であることはこれを $\angle A \equiv \angle A'$ と書く.

(5) $A, B, C; A', B', C'$ がいずれも同一直線上にない3点であるとき,もし $AB \equiv A'B'$, $AC \equiv A'C'$, $\angle A \equiv \angle A'$ ならば $\angle B \equiv \angle B'$ である.

Ⅳ 平行の公理

(1) 直線 l とその上にない1点 P があたえられたとき,P を通って l と交わらないような直線は一つあって,ただ一つにかぎる.

Ⅴ 連続の公理

(1) AB, CD を二つの線分とするとき,A, B を通る直線上に点 $A_1, A_2, \cdots, A_n$ をとって,線分 AA_1, $A_1A_2, \cdots, A_{n-1}A_n$ がみな CD に合同で,かつ B が A, A_n の間にあるようにできる*.

(2) 線分 AB の上に2点 A_1, B_1,線分 A_1B_1 の上に2点 $A_2, B_2, \cdots$ があるときは,すべての線分 AB, $A_1B_1, A_2B_2, \cdots$ に共通な点がある.

注意 この公理系の対象領域は,あらゆる点,直線,線分,半直線及び角から成り立っている.このうち,点,直線は'狭義の対象'であるが,線分,半直線及び角はそうではない.たとえば,線分についていえば,これは'点の集まり'として定義されているからである.

しかしながら,いま,'線分……'というものを一つの(述語をあらわす)無定義術語と考え,かつ,上の公理系において,定義1の代りに

---

* これを'アルキメデス(Archimedes, B.C. 287〜212)の公理'という.

1 A, B が点であるとき,点 C が線分 AB の上にあれば,C は A と B との間にある.
 2 点 C が点 A と B との間にあれば,C は線分 AB の上にある.

という二つの公理をつけ加えて見よう.

しからば,ここでは線分は必ずしも点の集まりではなく,したがってこれを狭義の対象と見なすことができるわけである.

一方,あらたに

　　　　　直線は点のあつまりである.

という公理をもうければ,今度は'直線'がもはや狭義の対象ではないことになってしまう.

つまり,或る対象が狭義の対象であるかないかは,見方ないしは表現の仕方によるところが極めて大きいのである.

さらに,たいていの公理系では,上に線分について行ったような操作を全く同様に実行することにより,その内容は全くかえないで,あらゆる対象を狭義の対象でもっておきかえることができる.ヒルベルトの公理系も,もちろんその例外ではない.

一般に,狭義の対象のみしかもたないような公理系は'**初等的**'な公理系であるといわれる.

ただし,初等的であっても,もとよりその無定義術語の'解釈'は自由なのであるから,その対象のあるものを'対象の集まり'であるというふうに解釈することは一向さまたげないのである.

さて,ヒルベルトは,大まかにいえば,上述の公理系か

ら出発する幾何学がストイケイアに書かれた幾何学と全く一致するものであることを示したのであった．すなわち彼は，この公理系を基礎として発展する理論においては，ストイケイアのあらゆる命題が証明され，かつそれ以外のものは出てこない，ということを示したのである（示したということは，万人を説得し得たということに他ならない）．

§11 モデル

あらためて，現代の公理主義，数学の特徴をもっとくわしく述べることにしよう．

一般に，はっきりと区画の定まった'物の集まり'のことを'**集合**'といい，その各メンバーのことをその集合の'元'という．

例えば，自然数全体の集まりとか，$x^2+8x+5>0$ なる条件を満足する実数 x 全体の集まりなどは集合であるが，'十分大きい自然数全体の集まり'のようなものは，その区画がはっきりしていないから集合とはいわれない．

数学においては，正確さということをその生命としている関係から，集合でないような物の集まりは考えないことになっている．

集合 M に対して，一つのもの a がその元であることは，これを

$$a \in M \text{ または } M \ni a$$

であらわす．また，a が M の元でないことは，これを

$$a \in\!\!\!/\, M \quad \text{または} \quad M \not\ni a$$

と書く.

　偶数全体の集合を E, 自然数全体の集合を N とすれば, E の各元は自然数であるから, 当然また N の元でもある. すなわち, E は N の一部分になっているわけである.

　一般に, このように, 二つの集合 A, B において

$$a \in A \quad \text{ならば必ず} \quad a \in B$$

となるとき, A は B の '**部分集合**' であるといわれ

$$A \subseteq B \quad \text{または} \quad B \supseteq A$$

と記される. ただし, この定義によれば, 任意の集合 B はそれ自身 B の部分集合であることに注意しなくてはならない. これに反して, 本当に一部分になっているような部分集合のことを '**真部分集合**' という. E は N の真部分集合である.

　函数とは, 前にも述べたように, 幾つかのものに一つのものを対応させるはたらき——規則——のことである. たとえば

$$\sin^2(x+y)$$

という式は, 任意の二つの実数に一つずつ負でない実数を対応させる函数をあたえるわけである. このような函数を二変数の函数という. さらにこのとき, 実数全体をこの函

数の'定義域'，負でない実数全体をその'値域'と称する．

その定義域や値域のメンバーが実数でないような函数もある．たとえば，任意の三角形にその重心を対応させるのも一つの函数である．このときは，その定義域は三角形全体で，値域は点の全体から成り立っている．

いま，ここで，この函数という概念を'集合'ということばを使ってはっきりいいなおしておこう：

二つの集合 A, B において，A の任意の n 個の元にそれぞれ B の一つの元を対応させるような規則 f があるとき，これを A から B への **n 変数の函数**（または**写像**）という[*]．A は f の**定義域**，B は f の**値域**といわれる．このとき，A の元の組：$(x_1, x_2, \cdots, x_n)$ に対応するところの B の元を $f(x_1, x_2, \cdots, x_n)$ と書く[**]．

さて，函数 f によって A の元の組は B の或る元に対応するわけであるが，A の元の組：$(x_1, x_2, \cdots, x_n)$ の各々に対応する B の元 $f(x_1, x_2, \cdots, x_n)$ のすべてを集めてできる集合 B_1 は，B と全く一致してもよいし一致しなくてもよい．

$B = B_1$ のとき，f は A から B の '**上への**' 函数であるという[***]．これに反して $B \neq B_1$ のとき，すなわち B_1 が B

---

[*] このとき，f は 'A を B へうつす' ということがある．

[**] このとき，f は '$(x_1, x_2, \cdots, x_n)$ を $f(x_1, x_2, \cdots, x_n)$ にうつす' ということがある．

[***] このとき，f は 'A を B の上へうつす' ということがある．

の真部分集合のときは,fはAからBの '**中への**' 函数であるという[*].

例えば,$x+1$ 及び x^2 を実数全体 R から R への(一変数の)函数と考えれば,前者は R から R の上への函数であり,後者は R から R の中への函数である.

A から B への一変数の函数 f が,A の違った二元には必ず B の違った二元を対応させるとき,すなわち

$$a, b \in A,\ a \neq b\ \text{ならば必ず}\ f(a) \neq f(b)$$

であるとき,それは '**一対一**' であるといわれる.このような函数が '一対一' という表現にふさわしいものであることは容易に見てとられるであろう.

さて——少し寄り道が長すぎたようであるが——以上を準備として,再び '公理系' の考察にかえることにする.

われわれは,前に,'無定義術語' は公理系を満足するものでありさえすればどういうものと解釈しても良い,と述べた.

一般に,無定義術語に対する,公理系を満足するような '解釈' のことを '**合理的**' な解釈という.たとえば,さきにあげた

1　2点を含む一つの直線がある.
2　直線は少なくとも二つの点を含む.
3　少なくとも三つの点が存在する.

---
[*] このとき,f は 'A を B の中へうつす' ということがある.

という公理系の無定義術語に対する

  点である　　　　　：奇数である
  直線である　　　　：偶数である
  ……は……を含む：……は……より大きい

という解釈は '合理的' である.

　ここで，この '合理的な解釈' というものを，もっと精密に考えなおしておこう.

　いま，一つの公理系の中の無定義術語が

(α)　対象をあらわすもの：$\alpha_1, \alpha_2, \cdots, \alpha_p$
(β)　函数をあらわすもの：$\beta_1, \beta_2, \cdots, \beta_q$
(γ)　述語をあらわすもの：$\gamma_1, \gamma_2, \cdots, \gamma_r$

であったとする. そのとき，この各々を解釈する手順は大体つぎのごときものであると考えることができるであろう：

　I　まず最初に，一つの具体的な集合 M をとり，これに関してつぎのようなものを適当にえらびだす：

(α)　M の具体的な元：$a_1, a_2, \cdots, a_p$
(β)　M から M への具体的な函数：$b_1, b_2, \cdots, b_q$
(γ)　M の元に関する具体的な述語，すなわち性質或いは関係：$c_1, c_2, \cdots, c_r$

　II　しかるのち，つぎのような操作を実行して見る：

(1) 公理系の対象領域は M であると解釈する.
(2) $\alpha_1, \alpha_2, \cdots, \alpha_p$ は $a_1, a_2, \cdots, a_p$ のことであると解釈する.
(3) $\beta_1, \beta_2, \cdots, \beta_q$ は $b_1, b_2, \cdots, b_q$ のことであると解釈する.
(4) $\gamma_1, \gamma_2, \cdots, \gamma_r$ は $c_1, c_2, \cdots, c_r$ のことであると解釈する.

さて, かくして得られた解釈が '合理的' であるというのは, この解釈のもとに, 公理系の中の各公理が M についての具体的な命題としてすべて正しいものとなっている, ということに他ならないであろう.

一般に, 一つの合理的な解釈のシステム:

$$\{M\,;\,a_1, a_2, \cdots, a_p\,;\,b_1, b_2, \cdots, b_q\,;\,c_1, c_2, \cdots, c_r\}$$

のことを '公理系によって記述される構造のモデル' 或いは簡単に '公理系のモデル' という. たとえば, I を整数* 全体の集合とすれば, システム:

$\{I\,;\cdots$は奇数である, $\cdots$は偶数である, $\cdots$は$\cdots$より大きい$\}$

は公理系 1, 2, 3 のモデルとなっているわけである.

ところで, このモデルというものを中心として公理系をながめて見れば, 公理系とは, ある解釈のシステムがそのモデルであるためにみたすべき必要かつ十分な条件をのべ

---
* これも一つの公理系を基礎として研究される.

るものである，とも考えることができるであろう．

したがって，公理系をのべるに際して

'一つのシステム：

$$\{A\,;\,\alpha_1,\,\cdots,\,\alpha_p\,;\,\beta_1,\,\cdots,\,\beta_q\,;\,\gamma_1,\,\cdots,\,\gamma_r\}$$

がモデルであるための必要かつ十分な条件は，それがこれこれの公理を満足することである'

というような表現方法を採用したとしても，その効能には何らのかわりもないわけである．すなわち，このような形の公理系から理論を展開するのには，一つのシステム $\{A\,;\,\alpha_1,\,\cdots,\,\gamma_r\}$ がそこにあげられた公理を満足するものと仮定して，それを出発点とすればよい．

一方，現今，多くの公理系においては，そのあらゆるモデルに，一つの共通な名称のあたえられるのが普通になっている*．そのような場合には上のような理由から，その名称がたとえば X であれば，その公理系を

'一つのシステム $\{A\,;\,\alpha_1,\,\cdots,\,\gamma_r\}$ が X であるための必要かつ十分な条件は，それがこれこれの公理を満足することである'

とか，或いは

'一つのシステム $\{A\,;\,\alpha_1,\,\cdots,\,\gamma_r\}$ はこれこれの公理を

---

* その例については次節をみられたい．

満足するとき X といわれる'

とかいう形にのべても，一向さしつかえはないわけである．

このうちの後者は，現代の数学において最も頻繁に用いられる表現方式に他ならない．

§12 群の公理系

本節と次節では，ヒルベルトの公理系の考察に利用するために，代数学にあらわれる幾つかの公理系を紹介する．本節で述べるのは，いわゆる'群(ぐん)の公理系'である．

まず，実数全体の集合を R とし，その中で定義されている

(α) 通常の加法（これは R から R への二変数の函数である）

及び

(β) 任意の実数 a にそのマイナスの数 $-a$ を対応させる '$-\cdots$' という一変数の函数

に注目すれば，周知のごとくつぎの公式が成立する：

(1) $(a+b)+c=a+(b+c)$
(2) $a+0=0+a=a$
(3) $a+(-a)=(-a)+a=0$

また，正の実数全体の集合を R_1 とし，その

(α) 通常の乗法（これは R_1 から R_1 への二変数の函数である）

及び

(β) R_1 の任意の元 a にその逆数 a^{-1} を対応させる一変数の函数：

'$\ldots^{-1}$'

に注目すれば，つぎの公式が成立する：

(1) $(a \times b) \times c = a \times (b \times c)$
(2) $a \times 1 = 1 \times a = a$
(3) $a \times (a^{-1}) = (a^{-1}) \times a = 1$

この二つの例をくらべて見れば，これらの互に極めて類似していることが見てとられるであろう．

漠然としたいい方をすれば，われわれがこれから述べようとする群の公理系は，上の例から作られる $\{R; 0, \cdots + \cdots, -\cdots\}$ や $\{R_1; 1, \cdots \times \cdots, \cdots^{-1}\}$ のようなシステムを，いずれもそのモデルとしてもつようなものなのである．

以下は群の公理系である：

一つの集合 A において

（i） '**単位元**' と呼ばれる特定の元：'e'

(ii) '…と…との積' と呼ばれる A から A への二変数の函数：'…∘…'

(iii) '…の逆元' と呼ばれる A から A への一変数の函数：'…′'

があって，これらがつぎの三つの公理を満足するとき，システム

$$\{A\,;\,e,\,\cdots\circ\cdots,\,\cdots'\}$$

は '群' と呼ばれる：

(1) $(a\circ b)\circ c=a\circ(b\circ c)$
(2) $a\circ e=e\circ a=a$
(3) $a\circ a'=a'\circ a=e$

A を実数全体 R と解釈し，かつ，$a\circ b$ を $a+b$，a' を $-a$，e を 0 と解釈をすることにすれば，あきらかにこれらの公理はすべて成立する．また，A を正の実数の全体 R_1 にとり，$a\circ b$ を $a\times b$，a' を a^{-1}，e を 1 と解釈することにしても事情は同様である．すなわち，システム

$$\{R\,;\,0,\,\cdots+\cdots,\,-\cdots\} \text{ 及び } \{R_1\,;\,1,\,\cdots\times\cdots,\,\cdots^{-1}\}$$

は，各々一つの '群' を形づくっているわけである．

群には，この他にもいろいろのものをあげることができる．

例えば，a というただ一つの元から成るような集合 $\{a\}$

において*

$$a \times a = a, \quad f(a) = a$$

と約束し，かつ，群の公理系の無定義術語を，表：

  対象領域　　　:$\{a\}$
  単位元　　　　:a
  …と…との積:…×…
  …の逆元　　　:$f(…)$

によって解釈することにすれば，これはたしかに'合理的'である．よって，システム：$\{\{a\} ; a, …×…, f(…)\}$ は一つの群である．

また，以下にのべるような例もある．

最初に，'一対一の函数'について，つぎのような三つの命題が成立することに注意する：

（Ⅰ）f が集合 A から集合 B への函数であり，かつ，g が集合 B から集合 C への函数であるとき，A の任意の元 a に $g(f(a))$ なる C の元を対応させることにすれば，A から C への一つの函数が得られる．これを g と f との'**合成**'といい，$g \otimes f$ であらわす．このとき，もし，f が A から B の上への一対一の函数であり，しかも，g が B から C の上への一対一の函数であれば，$g \otimes f$ は A から C の上への一対一の函数となる．

---

 * 一般に，元 $a, b, c, …$ から成るような集合を $\{a, b, c, …\}$ と書く．

$$A \qquad B \qquad C$$
$$a \xrightarrow{f} f(a) \xrightarrow{g} g(f(a))$$
$$\underset{g \otimes f}{}$$

（Ⅱ）f が集合 A から B の上への一対一の函数であるときは，B の任意の元 b に対し $f(a)=b$ となるような A の元 a を対応させる函数は，B から A の上への一対一の函数である．これを f の**逆函数**といい f^{-1} と記す．

$$A \qquad B$$
$$f^{-1}(b) = a \underset{f^{-1}}{\overset{f}{\rightleftarrows}} b = f(a)$$

（Ⅲ）集合 A の任意の元 a に a 自身を対応させる（A から A の上への）函数は一対一である．これを i と書く： $i(a)=a$.

いま，一つの集合 A をとり，A から A の上への一対一の函数——このようなものを A の‘**置換**’という——の全体を M としよう．しかるときは，上にのべた（Ⅰ），（Ⅱ）によって，M の任意の二元 f, g に対しその合成 $f \otimes g$ はまた M の元であり，M の任意の f に対しその逆函数 f^{-1} はまた M に属している．実は，システム $\{M; i, \cdots \otimes \cdots, \cdots^{-1}\}$ の群であることが示されるのである：

(a) 群の公理(1)

$$((f \otimes g) \otimes h)(a) = (f \otimes g)(h(a)) = f(g(h(a)))$$

$$(f \otimes (g \otimes h))(a) = f((g \otimes h)(a)) = f(g(h(a)))$$

よって，A のすべての元 a に対して

$$((f \otimes g) \otimes h)(a) = (f \otimes (g \otimes h))(a).$$

すなわち

$$(f \otimes g) \otimes h = f \otimes (g \otimes h).$$

(β)　群の公理(2)

$$(f \otimes i)(a) = f(i(a)) = f(a)$$
$$(i \otimes f)(a) = i(f(a)) = f(a)$$

よって

$$f \otimes i = i \otimes f = f.$$

(γ)　群の公理(3)

A の任意の元 b に対して，$f(a)=b$ なる元 a をとれば

$$(f \otimes f^{-1})(b) = f(f^{-1}(b)) = f(a) = b = i(b)$$

よって

$$f \otimes f^{-1} = i$$

また，A の任意の元 a に対して，$f(a)=b$ なる元 b をとれば

$$(f^{-1}\otimes f)(a) = f^{-1}(f(a)) = f^{-1}(b) = a = i(a)$$

よって

$$f^{-1}\otimes f = i. \text{———}$$

かくして得られた群を，集合 A の '**全置換群**' という．

例えば，A が $\{a, b, c\}$ という集合であるときは，その全置換群は

$$i : i(a) = a, \ i(b) = b, \ i(c) = c$$
$$f_1 : f_1(a) = b, \ f_1(b) = c, \ f_1(c) = a$$
$$f_2 : f_2(a) = c, \ f_2(b) = a, \ f_2(c) = b$$
$$f_3 : f_3(a) = a, \ f_3(b) = c, \ f_3(c) = b$$
$$f_4 : f_4(a) = c, \ f_4(b) = b, \ f_4(c) = a$$
$$f_5 : f_5(a) = b, \ f_5(b) = a, \ f_5(c) = c$$

なる 6 個の元から成り立っている．

ところで，この群においては

$$(f_2\otimes f_3)(a) = f_2(f_3(a)) = f_2(a) = c$$
$$(f_3\otimes f_2)(a) = f_3(f_2(a)) = f_3(c) = b$$

によっても見られる通り，$f_2\otimes f_3 \neq f_3\otimes f_2$ であることに注意しなくてはならない．

一般に，任意の二元 a, b に対し

$$a \circ b = b \circ a$$

の成立するような群を '**可換群**' または '**アーベル群**' という.

$\{R\,;\,0,\,\cdots+\cdots,\,-\cdots\}$ 及び $\{R_1\,;\,1,\,\cdots\times\cdots,\,\cdots^{-1}\}$

は可換群であるが, $\{a, b, c\}$ の全置換群はそうではない.

さて, 整数全体を I と書けば, あきらかに $\{I\,;\,0,\,\cdots+\cdots,\,-\cdots\}$ は群である. いま, このシステムと $\{R\,;\,0,\,\cdots+\cdots,\,-\cdots\}$ とをくらべて見れば, まず, 公理系の対象領域と解釈される I と R との間には

$$I \subseteq R$$

なる関係があり, かつ無定義術語の各々を解釈する仕方は全く同じであることがわかるであろう.

このように, 一つの群

$$\mathcal{G} = \{A\,;\,e,\,\cdots\circ\cdots,\,\cdots'\}$$

に対し, A の部分集合 B をとって

$$\mathcal{H} = \{B\,;\,e,\,\cdots\circ\cdots,\,\cdots'\}$$

なるシステムを作ったとき, もしこれ自身一つの群を形作るならば, $\mathcal{H}$ は $\mathcal{G}$ の '**部分群**' であるという.

もちろん, そうなるためには, e は B の元でなくてはならず, しかも '$\cdots\circ\cdots$' や '$\cdots'$' は, その定義域を B に制限したときその値域が B となっていなくてはならないであろう. ところが, 逆に, こうなっていさえすれば, 必然

的に $\mathcal{H}$ は $\mathcal{G}$ の部分群となるのである．読者はこれをたしかめて見られたい．

　　注意　一般に，一つの公理系のモデル $\{M; a_1, \cdots, c_r\}$ に対し，$N \subseteq M$ なる集合 N をえらんだとき，もしシステム $\{N; a_1, \cdots, c_r\}$ がまたその公理系のモデルとなったならば，これは前者の**サブモデル**であるといわれる．

二つの群

$$\mathcal{G}_1 = \{A; e, \cdots \circ \cdots, \cdots '\}$$
$$\mathcal{G}_2 = \{B; f, \cdots \bullet \cdots, \cdots ''\}$$

において，A から B への函数 φ をとったとき，もし条件：

(ⅰ)　$\varphi(e) = f$
(ⅱ)　$\varphi(a \circ b) = \varphi(a) \bullet \varphi(b)$
(ⅲ)　$\varphi(a') = \{\varphi(a)\}''$

が満足されるならば，φ は $\mathcal{G}_1$ から $\mathcal{G}_2$ への '**準同型写像**' であるという．

とくに，φ が A から B の上への一対一の函数であるときは，それは $\mathcal{G}_1$ から $\mathcal{G}_2$ への '**同型写像**' であるといわれる．

　　注意　一般に，一つの公理系の二つのモデル

$$\mathcal{M} = \{M; a_1, \cdots, a_p; b_1, \cdots, b_q; c_1, \cdots, c_r\}$$
$$\mathcal{M}' = \{M'; a_1', \cdots, a_p'; b_1', \cdots, b_q'; c_1', \cdots, c_r'\}$$

において，M から M' の上への一対一の函数 φ をとったと

き，もし

(1) $\varphi(a_i)=a_i'$ $(i=1, 2, \cdots, p)$
(2) b_j が m 変数の函数であれば，b_j' も同種の函数であって

$$\varphi(b_j(x_1, x_2, \cdots, x_m)) = b_j'(\varphi(x_1), \varphi(x_2), \cdots, \varphi(x_m))$$
$$(j=1, 2, \cdots, q)$$

(3) 述語 c_k が元 $y_1, y_2, \cdots, y_n$ の間で成立するならば，c_k' は $\varphi(y_1), \varphi(y_2), \cdots, \varphi(y_n)$ の間でも成立し，逆もまた真である．$(k=1, 2, \cdots, r)$

が満足されるならば，φ は $\mathcal{M}$ から $\mathcal{M}'$ への '同型写像' であると称する．

$\mathcal{M}$ から $\mathcal{M}'$ へ同型写像 φ があるとき，

(a) $\mathcal{M}$ の幾つかの元 $x_1, x_2, \cdots, x_s$
(b) 無定義術語に対応する $a_1, \cdots, c_r$

のみを含むような任意の一つの命題 P をとって見よう．いまこの命題 P において，その中にあらわれる $x_1, \cdots, x_s, a_1, \cdots, c_r$ をすべてそれぞれ $\varphi(x_1), \cdots, \varphi(x_s), a_1', \cdots, c_r'$ で以ておきかえて見れば，その結果は $\mathcal{M}'$ における一つの命題 P' である．しかるときは，同型写像の定義によって，P が $\mathcal{M}$ の上で成立するときは P' も $\mathcal{M}'$ の上で成立し，逆もまた真でなければならない．

このことは，いいかえれば，公理系の無定義術語だけを使って話している限りにおいては，$\mathcal{M}$ と $\mathcal{M}'$ では全く同じことが成立するということである．

すなわち、このような場合$\mathcal{M}$と$\mathcal{M}'$とはモデルとしては本質的に全く同じ構造をもち、したがってその間には何等の区別もない、と考えることができる。かようなモデルを '同型' であるという.

上のような理由から、公理主義数学では同型な二つのモデルは（モデルとしては）同じものとみなすのである.

§13 環と体の公理系

大まかにいえば、'環(かん)' とは '加減乗の三則が自由に遂行できる範囲' のことである：

一つの集合Mにおいて

(α) '零元' と呼ばれる特定の元：'0'

(β) '…と…との和' と呼ばれるMからMへの二変数の函数：'…+…'

(γ) 'マイナス…' と呼ばれるMからMへの一変数の函数：'−…'

(δ) '…と…との積' と呼ばれるMからMへの二変数の函数：'…×…'

があって、これらがつぎの公理を満足するとき、システム

$$\{M\,;\,0,\,\cdots+\cdots,\,-\cdots,\,\cdots\times\cdots\}$$

を環という：

(1) $(a+b)+c=a+(b+c)$

(2) $a+0=0+a=a$

(3)　$a+(-a)=(-a)+a=0$
(4)　$a+b=b+a$
(5)　$(a\times b)\times c=a\times(b\times c)$
(6)　$a\times(b+c)=(a\times b)+(a\times c)$
(7)　$(a+b)\times c=(a\times c)+(b\times c)$

　注意　0，+，−，× などという記号は使っても，これらは無定義術語に対する記号に過ぎないのであるから，普通われわれの考えている'ゼロ''加法'…とは全然別物である．

　例1　整数の全体 I を対象領域と解釈し，かつ 0，+，−，× をそれぞれ普通の意味に解釈することにすれば，システム $\{I\,;\,0,\,\cdots+\cdots,\,-\cdots,\,\cdots\times\cdots\}$ はあきらかに環である．

　例2　例1における I の代りに実数の全体 R をとってもよい．

　例3　一つの可換群 $\mathcal{G}=\{G\,;\,e,\,\cdots\circ\cdots,\,\cdots'\}$ をとり，$\mathcal{G}$ から $\mathcal{G}$ への準同型写像の全体を M とおく．しからば，つぎの幾つかのこと（(α)〜(δ)）がたしかめられる：

　(α)　M の任意の二元 f, g に対して，G の任意の元 a に $f(a)\circ g(a)$ を対応させるような函数をつくり，これを $f\oplus g$ であらわそう：

$$(f\oplus g)(a)=f(a)\circ g(a).$$

しかるとき，$f\oplus g$ はまた一つの準同型写像となることが示される．以下に，実際これが準同型写像の条件をみたすことをためして見よう：

(i) $(f \oplus g)(e) = f(e) \circ g(e) = e \circ e = e$

(ii) $(f \oplus g)(a \circ b) = (f(a \circ b)) \circ (g(a \circ b))$
$= (f(a) \circ f(b)) \circ (g(a) \circ g(b))$
$= f(a) \circ \{f(b) \circ (g(a) \circ g(b))\}$
$= f(a) \circ \{(f(b) \circ g(a)) \circ g(b)\}$
$= f(a) \circ \{(g(a) \circ f(b)) \circ g(b)\}$
$= f(a) \circ \{g(a) \circ (f(b) \circ g(b))\}$
$= (f(a) \circ g(a)) \circ (f(b) \circ g(b))$
$= (f \oplus g)(a) \circ (f \oplus g)(b)$

(iii) まず
$((f \oplus g)(a)) \circ ((f \oplus g)(a'))$
$= (f(a) \circ g(a)) \circ (f(a') \circ g(a'))$
$= (f(a) \circ g(a)) \circ (f(a)' \circ g(a)')$
$= (f(a) \circ g(a)) \circ (g(a)' \circ f(a)')$
$= f(a) \circ \{g(a) \circ (g(a)' \circ f(a)')\}$
$= f(a) \circ \{(g(a) \circ g(a)') \circ f(a)'\}$
$= f(a) \circ (e \circ f(a)')$
$= f(a) \circ f(a)'$
$= e$

よって
$((f \oplus g)(a))'$
$= ((f \oplus g)(a))' \circ e$
$= ((f \oplus g)(a))' \circ \{((f \oplus g)(a)) \circ ((f \oplus g)(a'))\}$
$= \{((f \oplus g)(a))' \circ ((f \oplus g)(a))\} \circ ((f \oplus g)(a'))$
$= e \circ ((f \oplus g)(a'))$

$= (f \oplus g)(a')$. ——

すなわち，'$\cdots \oplus \cdots$' は M から M への準同型写像であるわけである．

(β) f が準同型写像であるとき，G の任意の元 a に a' を対応させるような写像を $\ominus f$ であらわせば，これも一つの準同型写像である．その証明は上と全く同様にすればよい．

(γ) G のすべての元 a に e を対応させる写像 z は準同型である：

(i) $z(e) = e$

(ii) $z(a \circ b) = e = e \circ e = z(a) \circ z(b)$

(iii) $z(a') = e = e' = (z(a))'$

(δ) f, g が準同型写像ならば，その合成 $f \otimes g$ もまた一つの準同型写像である．その証明は (α) と全く同様にすればよい．

以上を準備とすれば，前節の全置換群の場合と全く同様にしてシステム

$$\{M ; z, \cdots \oplus \cdots, \ominus \cdots, \cdots \otimes \cdots\}$$

の環であることをたやすく証明することができる．ここでは，公理(7)のみを証明しておく：

$\{(f \oplus g) \otimes h\}(a) = (f \oplus g)(h(a)) = (f(h(a))) \circ (g(h(a)))$
$\qquad = ((f \otimes h)(a)) \circ ((g \otimes h)(a)) = \{(f \otimes h) \oplus (g \otimes h)\}(a)$

よって

$$(f \oplus g) \otimes h = (f \otimes h) \oplus (g \otimes h).$$

この環を,群 $\mathcal{G}$ の '**準同型環**' という.

一つの環のサブモデルは,その '**部分環**' といわれる.あきらかに,例1の環は例2の環の部分環である.

環 $\mathcal{R} = \{R; 0, \cdots+\cdots, -\cdots, \cdots\times\cdots\}$ において,R の部分集合 S をとったとき,もし

(1) $0 \in S$
(2) $a, b \in S$ ならば $a+b \in S$, $a \times b \in S$
(3) $a \in S$ ならば $-a \in S$

が満足されるならば,システム $\{S; 0, \cdots+\cdots, -\cdots, \cdots\times\cdots\}$ は $\mathcal{R}$ の部分環となる.読者はこれをたしかめて見られたい.

一つの環 $\mathcal{R}$ において,任意の二元 a, b に対し $a \times b = b \times a$ が成立するとき,これを '**可換環**' という.あきらかに,例1,例2の環は可換環である.これに反して,例3についていえば,或る群の準同型環は可換でないことがある.しかし,その詳細は省略することにしよう.

環 $\mathcal{R}$ の中に一つの元 e があって,どのような元 a に対しても

$$e \times a = a \times e = a$$

となるとき,この元を '**単位元**' という.一般に,単位元はあってもただ一つしかない.もし,e, f が単位元であれ

ば，$e=e\times f=f$ となって一致してしまうからである．例1，例2の環では '1' がその単位元である．また，例3の環では，（群のすべての元 a に a 自身を対応させる）函数 'i' がその単位元になっているのであるが，これはあきらかであろう．

単位元 e のある環 $\mathscr{R}$ の元 a は，それに対して

$$a \times a' = a' \times a = e$$

となるような元 a' がただ一つ存在するとき '**単元**' であるといわれる．このとき，a' のことを a の '**逆元**' という．例1の環では，単元は 1，−1 の二つで，それらの逆元は各々それ自身になっている．例2の環では，0 以外のすべての元が単元である．また，例3の環では，或る一つの準同型写像が単元であるための必要かつ十分な条件は，それが '同型写像' であることである．その詳細は述べないが，読者はこれをたしかめて見られたい．

さて，一般に，'単位元をもち，かつ零元以外のすべての元が単元であるような環' のことを '**体**' と称する．たとえば，例2の環は一つの体である．体というものが '加減乗除の四則の自由に遂行できる範囲' を意味することはあきらかであろう．

この概念は，もちろん，つぎのような公理系で以てこれを定義することができる：

一つの集合 K において

(1) '零元'と呼ばれる特定の元：'0'
(2) '単位元'と呼ばれる特定の元：'e'
(3) '…と…との和'と呼ばれる K から K への二変数の函数：'…+…'
(4) 'マイナス…'と呼ばれる K から K への一変数の函数：'−…'
(5) '…と…との積'と呼ばれる K から K への二変数の函数：'…×…'

があって，これらがつぎの9個の公理を満足するとき，システム

$$\{K\,;\,0,\,e,\,\cdots+\cdots,\,-\cdots,\,\cdots\times\cdots\}$$

を'体'という*：

(1)−(7) 環の公理に同じ
(8) $a\times e=e\times a=a$
(9) 0 でない任意の元 a に対して，$a\times a'=a'\times a=e$ となるような元 a' が一つあって，ただ一つに限る．

例4 上の例2の環はすでにのべたように体である．すなわち，実数全体 R を対象領域と解釈し，さらに，0，+，−，× を普通のように，また e を1と解釈することにすれ

---

* '…の逆元'というものを無定義術語に加えなかったのは，'0 の逆元'というものがなく，したがってその定義域は K 全体とは考えられないからなのである．

ば，システム $\{R\,;\,0,\,1,\,\cdots+\cdots,\,-\cdots,\,\cdots\times\cdots\}$ は体を形づくる．

例5 R の代りに有理数の全体 R_0 をとっても全く同じである．

任意の二元 a, b に対して $a\times b=b\times a$ の成立するような体を '**可換体**'，しからざる体を '**非可換体**' という．例4，例5の体はいずれも可換体である．

  注意 整数全体 I を対象領域と解釈し，かつ無定義術語を例4のように解釈してシステム $\{I\,;\,0,\,1,\,\cdots+\cdots,\,-\cdots,\,\cdots\times\cdots\}$ を作れば，公理(1)−(8)は満足されるが公理(9)はみたされない．これより，公理(9)は公理(1)−(8)からは証明できないものであることがわかる．さもなければ，いま作ったシステムにおいても公理(9)が成立しなくてはならないことになるからである．かように他の公理から証明できない公理は，他から '**独立**' であるという．

これまでに群，環，体という対象を説明してきたが，さらにもう一つ説明しなければならない対象がある．それは '**完備順序体**' というもので，体の公理系にさらにいくつかの条項を付け加えた公理系を満たすものなのであるが，少し煩雑な説明をしなければならないので，ここでは省略する．

ただ，実数全体の体に大小関係の使用を許せば，完備順序体になり，どの完備順序体もこれと '**同型**' になることが知られている．実数全体のつくる完備順序体を**実数体**と称する．

§14 デカルトの幾何学と実数体の効用

われわれは,平面上の各点に'座標'をあたえ,エウクレイデスの幾何学*を'代数的'にとり扱うことを知っている.これは,デカルト(Descartes, 1596〜1650)の考案になる方法である.

その最も根本になる'座標のあたえ方'はつぎの通りであった:

平面上に直角に交わる2直線を引いて,これを'X-軸'及び'Y-軸'と名づけ,これらによって平面を第8図のごとく四つの部分に分ける.しかして,平面上に一つの点Pがあたえられたならば,その点からY-軸及びX-軸までの距離(これは実数である)ξ, ηを求め,PがⅠ,Ⅱ,Ⅲ,Ⅳのいずれの部分にあるかにしたがって,数の組:

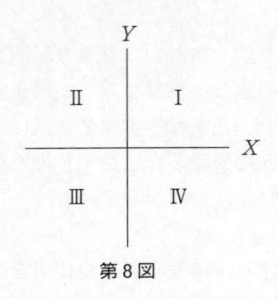

```
          Y
      Ⅱ  |  Ⅰ
    _____|_____ X
      Ⅲ  |  Ⅳ
```

第8図

---

* ここでは,ひとまずストイケイアに書いてあるような幾何学を考える.従って,ヒルベルトによって整理されたものを意味しない.

$$(\xi, \eta),\ (-\xi, \eta),\ (-\xi, -\eta),\ (\xi, -\eta)$$

をその座標とする（ただし，Ⅰ, Ⅱ, Ⅲ, Ⅳのうちの二つ以上の境界にある点は，どちらに入っていると考えてもよい）．——

座標 (x, y) をもつ点を '点 (x, y)' ということは周知であろう．

以下に，この '座標' を媒介として，種々の幾何学的概念がどのように代数的に翻訳されるかを調べよう（証明はのべない）．

(1) 直線には，それぞれ或る一つの一次方程式：

$$ax + by + c = 0 \quad (a \neq 0\ \text{または}\ b \neq 0)$$

が対応し，各直線は，座標 (x, y) がその直線に対応する方程式を満足するような点の全体と一致する．逆に，上のような形の一次方程式はすべてこのような意味で一つの直線に対応し，かつ二つの一次方程式：

$$ax + by + c = 0 \quad (a \neq 0\ \text{または}\ b \neq 0)$$
$$a'x + b'y + c' = 0 \quad (a' \neq 0\ \text{または}\ b' \neq 0)$$

が同じ直線に対応するための必要かつ十分な条件は $a : b : c = a' : b' : c'$ となることである．よって，'直線 $(a : b : c)$' などということがゆるされる．

(2) 上にも述べたことであるが，点 (x, y) が直線 $(a : b : c)$ の上にあるというのは，これらの間に関係：

第 9 図

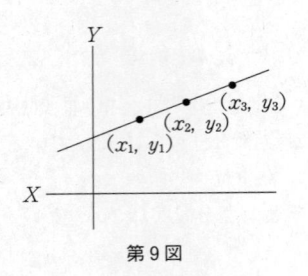

$$ax+by+c = 0$$

が成立することを意味する.

(3) 点 (x_2, y_2) が点 (x_1, y_1) と点 (x_3, y_3) の間にあるというのは (第9図), それらが或る一つの直線の上にあって, かつ

$$x_1 > x_2 > x_3, \quad x_1 < x_2 < x_3 \qquad (1)$$

のいずれか, もしくは

$$y_1 > y_2 > y_3, \quad y_1 < y_2 < y_3 \qquad (2)$$

のいずれかが成立する, ということである.

(4) 点 A, B がそれぞれ (x_1, y_1), (x_2, y_2) なる座標をもつとき, 線分 AB の長さは, 式 $\sqrt{(x_1-x_2)^2+(y_1-y_2)^2}$ でもってあたえられる.

(5) 点 A, B, C, D が (x_1, y_1), (x_2, y_2), (z_1, w_1), (z_2, w_2) なる座標をもつとき, 線分 AB と線分 CD とが合同で

あるとは，その長さがひとしいこと，すなわち

$$\sqrt{(x_1-x_2)^2+(y_1-y_2)^2} = \sqrt{(z_1-z_2)^2+(w_1-w_2)^2} \quad (*)$$

が成立することを指す．（以下省略する）

ところで，極めて重要なことは，この座標の考えを逆に利用することにより，ヒルベルトの公理系に対して一つのモデルを作ることができる，ということである．つぎに，その作り方の一部をのべて見よう：

（i）二つの実数の組(x, y)の全体をP，最初の2数の少なくとも一方が0でないような三つの実数の比$(a:b:c)$の全体をLとする．しかして，'…は点である''…は直線である'という無定義術語をそれぞれ'…はPの元である''…はLの元である'というふうに解釈する．

（ii）点——すなわち'Pの元'——(x, y)が，直線——すなわち'Lの元'——$(a:b:c)$の上にあるとは，関係式

$$ax+by+c = 0$$

が成立することであると解釈する．

（iii）点(x_2, y_2)が点(x_1, y_1)と点(x_3, y_3)との間にあるとは，それらが一つの直線——Lの元——の上にあって，かつ前ページの(1)，(2)の四つの式のうちの少なくとも一つが成立することであると解釈する．

（iv）二つの点A, Bの間にある点全体の集合を線分ABという．

（ v ） 点 (x_1, y_1), (x_2, y_2), (z_1, w_1), (z_2, w_2) をそれぞれ A, B, C, D とするとき, 線分 AB と線分 CD とが合同であるとは, 等式（＊）が成立することであると解釈する.
（以下省略）

くわしくはのべないが, ともかく, かくのごとくにして作られて行く '点' '直線' '線分' '半直線' '角' の全体を対象領域と解釈し, かつ無定義術語を上のような——座標の方法を逆用する——方式で解釈することによって, ヒルベルトの公理系に対する一つのモデルを構成することができるのである.

さて, 以上を見ておけば, さきに漠然とのべた 'ヒルベルトの万人を説得しえた結果' を説明することができる:

それは, 一言にしていえば, ヒルベルトの公理系のあらゆるモデルはすべて上のようにして作られるモデルに '同型' であるということ, すなわち, その公理系には上のモデルと本質的に異なるモデルはないということなのである. これはいいかえれば, ヒルベルトの公理系から証明できることはエウクレイデスの幾何学において証明できることだけであり, 逆にまたそのようなことはヒルベルトの公理系からも証明できる, ということに他ならないであろう.

§15 公理系の無矛盾性, 数学基礎論

以上でわれわれは, 現代的な意味における '公理' ないしは '公理系' というものがいかなるものであるか, また,

現代の数学理論が公理系を基礎としていかなるふうに展開されるか，ということを大体説明したつもりである．

しかしながら，一体どのようなものが '実際に' 公理系としてとられるか，という点については，まだあまりこれをくわしくのべることをしなかった．

ここで，このことについて少しふれておこうと思う．

われわれは，現今の公理系は理論の '仮定' ないしは '前提' にすぎず，必ずしも '自明の理' である必要はないとのべた．このことからすれば，原理的にはどのような命題のあつまりでも，それを公理系としてとることがゆるされるわけである．

しかしながら，ここで十分に強調しなくてはならないのは，これは決してどのような公理系でも一つの理論の前提として '意味がある' ということではない——という事実である．

容易にわかるように，公理系が理論の前提として意味があるためにみたすべき必須の条件は，それが '矛盾を含まない' ということであろう．一つの公理系から出発する理論において，或る命題と同時にその否定の命題も証明されるようなことがあれば，それはとうてい '理論' の名に値することはできないからである．

一般に，矛盾を含まないような公理系のことを **'無矛盾な公理系'** と称する．しかして，一つの公理系が無矛盾であるかどうかを調べる問題は，その **'無矛盾性の問題'** といわれる．

それでは一体，公理系の無矛盾性はこれをどのようにすればたしかめることができるのであろうか？——この問題を少し考えて見ることにする．

　そもそも，有限個しか元を含まないような集合——'有限集合'——においては，たいていの命題の真偽——正しいか正しくないか——は，有限回の検証の操作によって必ずこれを決定することができる——ように思われるであろう．つまり，考察の対象が有限個しかないのであるから，労力さえいとわなければ，実地にあらゆる場合を調べつくすことが可能と考えられるからである．

　したがって，いまかりに，このような場合には，あらゆる命題は正しいか正しくないかのいずれかにはっきり定まっているものと仮定することにする．

　ところで，さらにこのような集合において普通の推論を行うとき，正しい命題からは必ず正しい命題しかでてこない，ということをこれまた相当のたしからしさを以て信じることができるであろう．このような有限個の対象についてさえ間違うような推論が，別にあやしまれもせず，数学において広く用いられつづけるわけがない——と考えるのが常識的であろうからである．

　よっていま，上のこととあわせてこのことも承認することにして見よう．

　しかるときは，有限集合において，正しい前提から出発する推論の系列からは決して矛盾が出てこない，という結果になる．なぜならば，任意の命題 A とその否定の命題

B とをとって見れば,上にのべたことによって A と B とのうちのいずれか一方だけが '正しい' ものであり,しかも '正しくない' ものは推論によって出てくるわけがないからである.

このことを根拠とすれば,公理系の無矛盾性の証明に対して一つの方法があたえられることになる:

そもそも,公理系の 'モデル' とは,具体的な集合 M とその幾つかの対象(元),述語,及び函数から成る体系

$$\{M\,;\,a_1,\,\cdots,\,a_p\,;\,b_1,\,\cdots,\,b_q\,;\,c_1,\,\cdots,\,c_r\}$$

で,公理系の各命題をそこの命題に翻訳したとき,それらがすべて '正しいもの' となるもののことであった.

したがって,公理系を出発点として一連の推論を行えば,そこに出てくる命題は,そのモデルの上の命題に翻訳したときすべて必ず成立するようなものでなければならない.とくに,公理系から矛盾する二つの命題が出てくれば,当然モデルの上でも矛盾した二つの命題が成立するはずなのである.

よって,もし,決して矛盾が出てこないとたしかめられたモデルが少なくとも一つ存在するならば,公理系の無矛盾性はそれで証明されたことになるであろう.

しかるに,上にのべたような理由によって '有限集合からつくられたモデル' はそのような性質をもつものと考えることができる.

故に,一つの公理系の無矛盾性を証明するには,'対象領

域と解釈される集合 M が有限集合であるようなモデル'をつくって見せればよい，ということになるのである．かようなモデルを '**有限のモデル**' という．

たとえば，前にものべたように，'群の公理系' にはそのようなモデルがある．すなわち，群の公理系は無矛盾と考えることができる．

また，'体の公理系' にもつぎのような有限のモデルがある：

まず，$M=\{0, 1\}$ なる集合を考え，つぎのように定義する：

$$0+0=0, \quad 1+0=1, \quad 0+1=1, \quad 1+1=0$$
$$0\times 0=0, \quad 1\times 0=0, \quad 0\times 1=0, \quad 1\times 1=1$$
$$-0=0, \quad -1=1$$

しからば，システム：

$$\mathcal{K}=\{M\,;\,0,\,1,\,\cdots+\cdots,\,-\cdots,\,\cdots\times\cdots\}$$

は一つの体である．

故に，これらの公理系は無矛盾であると考えることができる．

このような無矛盾性証明の方法は，普通一般に用いられているものであることを注意しておく．

しかしながら，ひるがえって考えて見るとき，このような議論には，二つの重大な仮定がふくまれている．

すなわち，われわれは，有限集合についてはあらゆる命

題の真偽を必ず検証することができ，かつあらゆる推論において正しい命題からは正しい命題しか出てこない，ということをあたまからきめてかかって考えをすすめてきたのである．これは一体たしかなことなのであろうか？

また，話は少し違うが，有限のモデルのあるような公理系についてはそれでまあよいとしても，そうでないものの無矛盾性はどうやってこれを証明するのであろうか？

このような問題が数学にとって極めて重要なものであることはいうまでもないことである．

ところで，かかることがらを追究しようとすれば，どうしても'推論'或いは'論理'というものを一応考えなおして見なければならないであろう．

われわれはややもすれば，論理というものは絶対確実で万古不易なもののように考えがちである．しかし，よく反省して見れば，論理はわれわれ人類が太古から次第次第に'経験的'に形成してきたものなのであって，それ故それ自身としては'先天的な保証'の何らあたえられていないものなのである．さらに，数学の歴史にてらして見ても，いろいろの推論の規則について，それを認めるとか認めないとか，実際に議論の分れたこともないではない．すなわち，論理は決して'自明'のものではなく，多分に'協定'に近い面をふくんだ複雑なものなのである．

したがって，上のような無矛盾性の問題を根本的に吟味することの極めて困難なものであることが察せられるであろう．

現今では，この方面を専門に研究する一つの分野が成長しつつあり，'数学基礎論'という名でよばれている．この分野では，論理や公理系というものの性格を精密に分析し，かつ種々の公理系の無矛盾性を保証することが目標とされるのである．

　ここでは，これについてのくわしい説明は省略する*．

　しかし，一言だけ注意すれば，現代の数学基礎論においては，公理系から理論を展開するに際し，その論理に或る種の制限をもうければ，その公理系の無矛盾性は'有限のモデル'をつくって見せることにより保証される──ことが示される．つまり，われわれが上にのべたような無矛盾性証明の方法は'或る意味で'正当化されているのである．

　以上で大体，無矛盾性の問題の性格はあきらかになったと思われる．

　ところで，いうまでもないことであろうが，一つの公理系はたとえ無矛盾であっても，必ずしも研究に値する'良い'ものであるとは限らない．無矛盾性は公理系が良いものであるための必要条件ではあっても，決して十分条件ではないのである．

　極めて漠然としたいい方であるが，良い公理系とは多くの数学者がその研究に価値と意欲を見出すもののことである．何の根拠もなく好き勝手なことを並べ立てたところで何のたしにもなり得ない．深く歴史に根ざし，既存の理論

---

*　次章で述べる．

とうまく調和し，しかもきれいな理論を展開できるもののみが将来の数学の因子としてその発展を約束されるのである．

　また，公理系から理論をいかに展開するかについても，全く同じことがいわれる．何の根拠もなく好き勝手な方向に推理をたくましうして行ったところで，客観的には何の利益もない．

　おおげさにいえば，公理系及び理論の価値は，全数学のメカニズムの中で決定されるのである．

第2章　数学の基礎

§1　数学の基礎

1. 数学は長い間, 全く確実なもの, 疑うことのできないもの, と考えられてきた. あるいは, むしろ考えられてきたのではなく, 確信されてきたのだ, といった方がより真相に近いのかもしれない.

たとえば, かの有名なカント (Kant, 1724～1804) は, 無条件にこのことを信頼してつぎの様に推論している*：

> '本来の数学的命題は, 常に"先天的"な判断であって, 決して経験的なものではない. なぜというに, 数学的命題は, 経験からはどうしても導きだされることのできない"必然性"を伴うからである'.

すなわち, 数学的命題は, 必然的である, いいかえれば, どうしてもそうあらねばならない, というその性格の故に, 生来われわれにそなわったものであるべきだ, というのである.

まったく, カントに限らず, すべての人々にとって, 数

---

* 'プロレゴメナ'を参照.

学は人間の獲得することのできる'真理'の中で最も確かなものなのであった.

どのような天変地異が起ろうとも,つねに2+3は5なのであり,三角形の内角の和が2直角に等しいという事実は,たとえ地球が崩れ去ろうとも変わるよしもないことであったのである.

このような立場からは,'数学は確実なものであるかどうか'というようなことは,問題となる道理がなかった.ただ,'なぜ,数学はかくも確実であるか'というようなことが問われただけであった.

カントの上のような議論は,そのような問題を解くために試みられた一例にほかならないのである.

2. ところが,この全く確実と見える数学において,全く合法的な推理が打ちかち難い'矛盾'を産んだとしたらどうであろうか.

昔の人たちは,上述のようなわけで,このようなことは夢想だもしなかったわけである.それは,また,かの輝かしい数学の歴史にてらしても,当然至極のことであった.

しかるに,'矛盾'は実際にたちあらわれたのである.

それは,数学の最も深い基礎にあるところの'集合論'においてであった.つぎに,それについて少し説明しようと思う.

まず,カントール(Cantor, 1845〜1918)の手になるところの集合論における'集合'の定義はつぎのごときものであった:

'集合とは,われわれの直観,または思考の,定まった,よく弁別された対象を一つの全体としてまとめたものをいう.このまとめられた個々の対象をその集合の元と称する'.

一般に,集合 M に対して対象 m がその元であるとき,この事情は

$$m \in M \text{ または } M \ni m$$

と記される習慣である.また,m が M の元でないことは,これを

$$m \notin M \text{ または } M \not\ni m$$

で書きあらわす.

ここで,念のため,上のカントールの定義に少し注釈をつけ加えておこう:

まず,いくつかの対象を一つの全体としてまとめたとき,それが集合といわれるためには,そこへ勝手に一つの対象をもってきた場合,それが考えられている全体に属するか否か,ということが,はっきりどちらかに定まっていなければならない.すなわち,集合にまとめられる対象は,はっきり'定まった'ものでなければならないのである.

さらにまた,その全体に属することがすでにわかった二つの対象をもってきた場合,その二つのものは同じもので

あるか，あるいは違ったものであるか，ということが，はっきりどちらかに定まっていなくてはならない．あるいは，事によると，その二つの対象の間には，その考えられ方に形式的な差異——たとえば，一方の対象は小数としてあたえられた数であり，他方の対象は分数としてあたえられた数である，という種類の差異——があるかも知れない．

しかしながら，そういう差異にはかかわりなく，それらが等しいか等しくないか，ということが，どちらかにきっちりきまっていなくてはならないのである．いいかえれば，その全体の中の二つの対象は，よく'弁別された'ものでなければならない．

たとえば，'偶数全体'は，どのような数が偶数であるか，がはっきり定まっており，また，二つの偶数については，それらは等しいか等しくないかのいずれかにはっきり定められているはずであるから，これは一つの集合となっている．それに反して，'十分大きい自然数の全体'というようなものは，一体どのような数が'十分大きい'かがあまりはっきり定まっているとは考えられないから，集合ではない，というわけである．

ところで，このような定義を基礎として集合論を建設していくと，実は，様々の矛盾——パラドックス——のあらわれてくることが知られてきた．

最初にあらわれたパラドックスは19世紀末のものなのであるが，ここでは，1901年頃に見出されたラッセル

(Russell)のパラドックスについて説明しよう：

まず，われわれは，'あらゆる集合の集合'というものがたしかに存在することに注意する．なぜならば，どのような'ものの集り'をもってきても，それは集合であるかないか，いずれかであり，また，二つの集合は同じであるかないかのいずれかに，はっきり定められているはずだからである．

いま，このあらゆる集合の集合を M とおいて見よう．このとき，M 自身一つの集合なのであるから，M の定義に従って

$$M \in M$$

でなければならない．

一般に，このように，自分自身をその元として含むような集合を'第2種'の集合ということにする．もちろん，第2種の集合としては，上のようなもののほかにも，たくさんあるかも知れないわけである．

それに反して，自然数の集合や偶数の集合などにおいては，その中に集合自身が元として入ることはできない．たとえば，自然数全体の集合は自然数ではないからである．以下に，このような集合を'第1種'ということにしよう．

もちろん，集合は第1種であるか第2種であるか，いずれかなのであって，一つの集合をもってくれば，それはどちらかにはっきりきまってしまうはずなのである．従って，例えば，第1種の集合全体は一つの集合を作ると考え

てよいであろう．いま，これを T とおく．すなわち，T は，$A \notin A$ であるような集合全体からなる集合のことにほかならない．

ところで，この集合 T は第 1 種であろうか，それとも第 2 種であろうか？ 実は，ラッセルのパラドックスはこの疑問から起ってくるのである：

まず，T は第一種であろうか．すなわち，

$$T \notin T \qquad (1)$$

であろうか．もし，そうだとしたら，T は第 1 種の集合全部を元として含んでいるのであるから，T 自身 T の一つの元でなくてはならない：$T \in T$．

しかし，これはあきらかに仮定（1）に反している．よって，T は第 1 種ではあり得ない．

それでは，T は第 2 種なのであろうか．すなわち，

$$T \in T \qquad (2)$$

なのであろうか．ところが，T は第 1 種の集合のみしかその元として含むことはできないのであるから，T が第 2 種である以上は，どうしても，$T \notin T$ でなければならない，ということになる．これは仮定（2）に反する．よって，T は第 2 種でもあり得ない——．

このパラドックスは，一体どこが間違っているのであろうか．'T は第 1 種でも第 2 種でもないのだ'などとすましているわけにはいかない．それはどちらかでなくてはな

らないのである．

　本当のところをいえば，このような概念構成の仕方は，当時の数学者の多くにとって，十分許されるようなものであったのである．そうだとしたら数学そのものが非常に不安定なものだ，という結論がでてきはしないであろうか．

　上の事実はほんの一例なのであって，集合論からは，まことにおびただしい数のパラドックスが導きだされてくる．

　多くの数学者は，このような事態にひどく衝撃を受け，かつ，狼狽したのであった．たとえば，実数論を基礎づけたデデキント（Dedekind, 1831〜1916）は，'自分の見解の重要な基礎の確実さに疑惑を抱く' といい，また，自然数論を研究したフレーゲ（Frege, 1848〜1925）は，自己の業績のすべては全く疑わしいものだ，と悲観的に考えたりしたのである．

　もちろん，よく考えて見れば，上のパラドックスにおけるような大胆な推論は '現場' の数学には全くあらわれないのであって，その意味では大部分の数学は安全ともいえるのであるが，しかし，ここで，'数学の本質' というものが危機にさらされたことはたしかなのであった．

　3．それでは，この数学の危機はいかにしてこれを切り抜けることができるのであろうか．実は，'数学基礎論' とは，この難問を解こうとする努力の集成にほかならないのである．

　もともとこの問題には，本職の数学者はあまりふれたが

らなかった．ただ，二，三の著名な数学者，たとえば，ヒルベルト（Hilbert），ブラウアー（Brouwer），ヴァイル（Weyl），あるいはラッセルのような人たちが真剣に考え始めたにすぎなかったのである．それ以外の人たちは，危険を感じて集合論周辺には手をふれないようにしながらも，数学基礎論に対しては，その哲学——何かしら数学者の性に合わない不確実な議論——との関連のために，そっと傍観的な態度をとったのであった．

しかし，上記の人たちの研究が明確な形をとり，それらがいわゆる'哲学的'なものとはよほど違った確実さをもっていることが明らかになるにつれ，次第に協力者が増してくることとなったのである．

ところで，ここで注意しなければならないのは，このような問題を考える際，'数学とは一体何であるか'ということがはっきりしていなければならないということである．上のようなパラドックスを数学者が調べて，これは数学では許される推論である，とか，許されない推論である，とか判断するとき，それは全くその人の'数学の定義'に依存している，ということを知らなければならないであろう．そして実は，このことはこれまであまりはっきりしていたとはいいきれないのである．

もし，'数学'というものの何たるかがはっきりしたとき，その範囲の中に，ラッセルのパラドックスに導くような推論を，どうしても含めなければならない，という答がでた場合には，数学は'本来'矛盾するものなのであって，

何ら存在価値のないものだということになるであろう．それに反して，数学がその内容や対象の選択にある程度の自由をもつものであるならば，数学の内容を今後ここからここまでに限定しようという協約を設けることによって，危機からの救済を試みることも可能なわけである．あるいは，よく調べてみると，数学の範囲は思ったよりも狭いもので，ラッセルのパラドックスなどは数学の埒外で起っている'対岸の火事'のようなものであるのかもしれない．

もちろん，'数学はかくあらねばならぬ'というような答がでてくることはあり得ないであろう．一つの学問が数学と呼ばるべきか呼ばるべきでないかは，極端にいえば趣味の問題である．生物学を数学と呼んでいけない道理はない．

われわれが，数学の性格を追究した結果として期待できるのは，せいぜいつぎのような程度のことをでないであろう：'どのようなものを数学と呼ぶのが大多数の共感を得るか'，'これまでに数学として扱われているものとそうでないものとは，どのような特徴でもって区別できるであろうか'，'これまでの大多数の人たちは，数学の中にこのようなものまでも許していたけれども，それは危険であるから，これからは，これこれのようなものに数学を限定した方が良くはないか'．

ところで，人は暗々裡に，'数学'という一つの絶対的なものがあって，あらゆる人々はこの同じ数学を考えているのだ，というような確信めいたものをもっている．しかし

ながら,ことによると,人によって数学と考えるものが違っているかもわからない.従って,数学というものをよく調べてみた場合,あるいは二つも三つも違ったものが数学としてもちだされてくるかもしれないのである.

しかし,そのようなことは何ら意に介する必要はない.どの数学が正統であるかは,歴史が決定する事柄だからである.また,事実上,長きにわたって,いくつもの数学が並立するという事態が起るかも知れない.しかし,それも別に困ったことではないのである.ただ,いくつもの違った数学を同じく一つの'数学'ということばでもって呼ぶことは,混乱をさけるためにもやめた方がよい,というだけのことであろう.

実をいうと,ラッセルとブラウアーとヒルベルトによって,それぞれ全く違ったものが'数学'としてもちだされ,かつ,各自の数学をパラドックスから解放する方法が提示されたのである.そうして,彼らの学派の間には激しい論争がかわされたのであった.

その議論は,主として,

1. どちらが歴史的に存在する数学をよりよく捉えているか,
2. どちらがパラドックスに対して安全であるか,

というような点に集中された.彼らは,この論争を通じ,互に相手の攻撃に刺激されて,それぞれの立場をより明確にしていったのである.それらの思想が互に交渉なく独立

に存在していたとしたら，恐らく，その各々の立場は現在なお極めて不明確なままに残されていたことであろう．

彼らの考えは，それぞれ，**論理主義**（ラッセル），**直観主義**（ブラウアー），**形式主義**（ヒルベルト）の名で呼ばれている．しかして，現在のところでは，形式主義が最も穏当なものと考えられ，かつ，圧倒的な勢力を形成している実情である．

われわれは，以下に，この各陣営の議論をなるべく簡潔に述べてみようと思う．その記述に際しては，理解の便のために，それぞれの主張を幾らか誇張して述べることもあるが，大体は忠実にその考えを追うつもりである．

§2 論理主義

1. ラッセルにはじまる論理主義においては，数学は'任意のものや任意の性質について常に成り立つような事柄を形式的に——内容とは関係なく——取り扱う学問である'とされる．たとえば，'1に1を加えれば2になる'ということは，任意のものについて，また，あらゆる可能な場合について成立するような事実であるから，その故に数学的な命題であり得る，というのである．

ところで，古来，かような'任意のものや任意の性質について成り立つような事柄を形式的に研究する'学問は'論理学'と呼びならわされている．

この事を根拠として，彼らは，数学は論理学の一分科，ないしはそれと同一のものでなくてはならず，したがっ

て，われわれの数学は，すべて，論理学との共通の基本原則から確実な仕方で導きだされてこなくてはならない，と推論するのである．

2. 以下に，その'あらゆるもの，あらゆる性質に妥当するような形式的法則'のことを簡単に'論理法則'ということにする．しかして，理解の便に資するため，そのようなものの最も原始的な例を幾つかあげてみることにしよう．下にあらわれる P や Q や R などの記号は，任意の命題——たとえば'ソクラテスは人間である'とか'数学は難かしい'とかいうような種類のものをあらわすものと約束する：

Ⅰ P であるかあるいは P でないか，いずれかである．
Ⅱ Q ならば，P であるかあるいは Q である．
Ⅲ Q ならば R であり，かつ P ならば Q であるならば，P ならば R である．

また，a を任意のもの——たとえば'ソクラテス'，'犬'など——とし，A を任意の性質——たとえば'赤い'とか'人間である'など——とすれば，

Ⅳ すべてのものが A を満足するならば，a は A を満足する．
Ⅴ a が A を満足するならば，A を満足するようなものが存在する．

これらがいずれも，つねに成立すると考えられるような

形式的法則——すなわち'論理法則'——であることは，ちょっとためしてみればただちに了解されるであろう．

たとえば，IIにおいて

$$P：ソクラテスは人間である$$
$$Q：山は高い$$

とおけば，

　　山が高ければ，ソクラテスは人間であるか，あるいは山は高い．

となるが，これ位当然至極なことはないというべきである．

また，Vに於いて

$$a：ばら$$
$$A：赤い$$

とおけば，それは

　　　　ばらが赤いならば，赤いものが存在する

となるが，これもきわめて明らかなことである．

　3. 話は少し横道へそれるようであるが，上のような議論を見てもわかる通り，このような法則を普通のことばを使って述べていくことは，事情をいたずらに混迷させるという結果にならざるを得ない．

　そこで，ラッセルはその議論をすすめるに際し，その対

象となる普通のことばをすべて簡潔な記号であらわすことを工夫するのである．彼は，これについてつぎのように述べている：

'通常のことばは誤りを導き易いものであり，論理学に使うためには，それは"冗長"でかつ"不正確"なものである．したがって，われわれの問題を正確にかつ完全に扱うためには，記号が"絶対的"に必要である．'

ともかくそのようなわけで，ラッセルは，'あるいは'とか'すべての'とかいう類の，当面の議論の対象として必要なことばを，すべて記号でおきかえてしまうのである．われわれも，本書において，この場所だけに止まらず，一般に論理的な事柄を対象とする場合には，いつでも，議論を鮮明にするためにつぎのような記号を用いることにしよう（ただし，これはラッセルの用いたものと全く同じではない）：

(1) $P \supset Q$ ：PならばQ
(2) $P \vee Q$ ：PあるいはQ
(3) $P \wedge Q$ ：PかつQ
(4) $\neg P$ ：Pではない
(5) $A(a)$ ：aは性質Aをもつ
(6) $\forall x A(x)$：すべてのxは性質Aをもつ
(7) $\exists x A(x)$：性質Aをもつようなxが存在する

さて，この工夫によれば，上に述べておいた幾つかの論理法則は，たとえばつぎのように記されることになるであろう：

I　$P \vee (\neg P)$
II　$Q \supset (P \vee Q)$
III　$\{(Q \supset R) \wedge (P \supset Q)\} \supset (P \supset R)$
IV　$\{\forall x A(x)\} \supset A(a)$
V　$A(a) \supset \{\exists x A(x)\}$

4. ところで，よく考えてみると，一般に，Pという論理法則と，$P \supset Q$という形の論理法則とがあれば，必ずQもまた一つの論理法則となることが了解されるであろう．

すなわち，

Pは論理法則
$P \supset Q$は論理法則
――――――――――――
したがって，Qは論理法則

という全く機械的な操作によって，われわれは無数の新しい論理法則を導きだすことができるのである．

実をいうと，このような種類の操作は，もっとほかに幾つもあることが知られている．しかして，それらは，'推論規則' という名のもとに総称されるのである．

ラッセルによれば，（数学をふくめた）論理学とは，幾つかの定められた基本的な論理法則から，その幾つかの推論規則によって，あまたの論理法則をつぎつぎと導きだすこ

とを職務としているものにほかならない．

そしてそこでは，一定の条件——たとえば'$\exists x A(x)$'———を満足する任意の性質 A は，一般にどのような論理法則を満足するか，というような種類の問題も考察される．すなわち，上の例でいえば，$\{\exists x A(x)\} \supset P$ という形をした論理法則をできるだけ多くさがし出そうというのである．

また，性質の性質，性質の性質の性質，というふうなものも当然考えられるわけであるが，それらについての同様の考察も実行される．

5．それでは，ラッセルが'数学を論理学の一分科として導きだしてこなければならない'というとき，それは一体どのようにすれば実行されるのであろうか．

彼はつぎのように推論する：

たとえば，'5'という数は，'きっかり五つのものによって満足されるような性質——'右手の指である'というような性質——には共通であるが，それ以外の性質——'天使である'というような性質——は決してこれを満足しない'ところの，そういう'性質の性質'のことにほかならない．

すなわち，彼は，'左手の指である' '右足の指である' というような性質が満足し，'たこの足である' '天使である' というような性質が満足しないような '性質の性質' がとりもなおさず '5' だというのである．

したがって，ラッセルによれば，そのような一定の条件

をみたす'性質の性質'は一体どのような論理法則を満足するであろうか,ということを調べていけば,そこにおのずから'5'の本性があらわにされてくるはずなのである.

ただし,その際,もちろん上の'一定の条件'をば,5という性質を使わないで記号的に書いておくことは,必要であろう.

ともかく,大約かようなところから出発して,彼は数学の——論理学の中における——建設に'実際に'邁進して行ったのであった.その厖大な労作は,ホワイトヘッド(Whitehead, 1861〜1947)との共同のもとになされたのであるが,その結果は大著 Principia Mathematica 3巻におさめられている.

6. これで,大体論理主義の主張はあきらかとなったように思われる.

すなわち,論理主義者たちは,数学は上述のような意味において論理学の一部分である,と主張するのである.

このような見解が,歴史的な数学をよく捉えているものであるかどうかは,大いに疑問の余地のあるところではあるが,かようにして,ともかく,比較的常識的でしかも明確な数学の定義があたえられたことは疑えないであろう.

しかしながら,このような主張に対しては,多くの人々から,相当にきびしい批判が寄せられたのであった.それは大要つぎのようなものである:

'論理法則'なるものが,あらゆるもの,あらゆる性質に普遍妥当する,ということは,これを一体どのようにして

たしかめるのであるか？ あらゆる可能な場合について，一々ためしてみる，などということはもちろんできない相談である．したがって，それには何らか別の方法がなくてはならないであろう．しかし，そのようなものがあり得るであろうか？

これに対してラッセルは，論理学の基礎にとられる基本的な法則の多くは，経験とは全く独立に‘先天的’に知られるものであるという．一方，彼は実は論理学の基礎の法則の中に，彼自身でさえもどうしても‘先天的’に知られるとはいいきれないようなもの——たとえば，‘無限に多くのものが存在する’というようなもの——をももち込んでいるのであるが，そのようなものは，‘現実世界についての，そうもありそうな仮定’であると称するのである．しかして，論理法則から論理法則を導くところのいわゆる‘推論規則’は，これまた‘先天的’にきわめてたしかなものとして認識されるものなのであるから，彼の（数学を含めた）論理学全体は，その基礎にある幾つかの‘仮定’さえ承認されれば，ことごとく承認されるはずのものだ，というのである．

しかし，‘先天的’に知られる，とは，どういうことなのであろうか．また，そうした考察の対象となり得るような絶対的な世界というものがあるのであろうか．

これに関してヴァイルは，‘論理主義者たちの数学は，彼らだけの楽園なのだ’と事もなげにいっている．彼らの世界観に同調すれば確実この上もない数学ではあるが，同調

できないときは，これは何とも怪しいものではあるまいか，というのである．

7. ラッセルの論理学の組み立て方は'一つの性質は，その性質自身を使ってはじめて定義できるようなものによっては，決して満足されることがない'ようにできている．

実は，このようにすれば，たとえばかのラッセルのパラドックスのようなものは，決してでてこないことがたしかめられるのである．何故ならば，例のパラドックスにおける T——第1種の集合全体——は，'集合である'という性質を使ってはじめて定義されたのであった．従って，上の原則によれば，それはもはや'集合である'という性質を満足し得ないことになる．すなわち，この'集合'は第1種であるか第2種であるか，などと問うことは全く無意味なこととなってくるのである．

ラッセルは，あらゆるパラドックスは，すべて，かような無意味なことをむりやり遂行する際に起るものなのであって，その故にそれらは，論理学，従ってまた数学では決して起るはずのないものだ，と断定する．

しかし，なぜ論理学が上のようなふうに組み立てられなければならないか，あるいは，そのようにしただけで果して——別の——パラドックスは起きないであろうか，という点については，上にのべたと同様な批判が起ることは当然であろう．

その後，この点や上においてのべたような批判の多い点について，論理主義者たちは，その改良への種々の努力を

試みてはいるが，しかし，その根本の思想は，いささかも変わっていないように見受けられる．すなわち，論理主義は，昔も今も，'世界'というものについての'経験外のかなりの認識'を無条件に強要するものなのである．したがって，その根本の前提に，いささかでも疑いをさしはさむような人にとっては，彼らの数学はほとんど無価値にひとしいものというべきであろう．

この主義がきわめて常識的なものであるにもかかわらず，現在さして多くの同調者を得ていないのは，そのあまりにも非現場的日常的な数学観もさることながら，多くは，この'独断性'によるものといってよい．

もちろん，何らの独断なしで確実な学問を打ちたてようとすることは不可能である．しかし，論理主義の提出する独断は，多くの人たちにとって，相当に大きいものと考えられるのである．

§3 直観主義

1. ブラウアーの提唱した直観主義においては，'数学とは，とりもなおさず，われわれの思考のうちの最も正確な部分に付される名称にほかならない'とされる．しかして，この立場に立って，直観主義者たちはつぎのように推論するのである：

いかなる学問も，たとえそれが哲学や論理学であろうとも，そのようなものは数学の前提としては全く役立たない．なぜならば，そのような学問を建設するに際しては，

そこにすでに数学的な概念が用いられているからである．たとえば，人は，ラッセルのように，性質，性質の性質，性質の性質の性質，……などというものを論理学において考察するとき，そこにすでに自然数の無限列：1, 2, 3, …に類似した概念が登場していることをみるであろう．

　従って，数学にとってたよることができるのは，いろいろな概念とか操作とか推論とかを，直接，目前に明確なものとしてもちだしてくることのできる '直観' 以外にはあり得ない，ということになってくる．人は，直観といえば，何か神秘的な仕方で超越的なものを獲得してくる能力のように思うかもしれないが，それは決してそのようなものではない．直観とは，ただ，普通の思考の中にいつもあらわれるような概念や操作や推論といったようなものを，はっきり目の前にとりだしてみることを許す能力のことにほかならないのである．

　たとえば，われわれは，1という一つのものを考え，そのつぎのもの $1'(=2)$ を考え，さらにそのつぎのもの $1''(=3)$ を考え，かくしてどこまでもこの 'ダッシュをつける' という操作を繰り返すことによって，そこに自然数の系列が限りなく生成して行くのを明確に見てとることができる．しかして，その結果，われわれは '自然数' というものをはっきりした考察の対象とすることが可能となる．しかし，それは，とりもなおさず，われわれの '直観' のしからしめてくれるところなのである．

　また，われわれは，上のようにしてつくられる自然数の

系列において，数 a に幾つかダッシュをつけて数 b が得られるとき，数 b は数 a よりも大きいと定義する．しかるとき，たとえば，2 すなわち $1'$ と，3 すなわち $1''$ とを見くらべてみれば，あきらかに 3 が 2 よりも大きいことをたしかめることができるであろう．実は，これも直観のしからしめるところのものにほかならないのである．

さらにまた，ある性質 A について，

(1) 1 が A を満足する，すなわち $A(1)$ である，

ことが，上のような種類の直観の助けのもとにたしかめられ，しかも，

(2) 任意の n に対して，$A(n)$ であることの証明がえられた場合，それから直ちに $A(n')$ が正しいということを引きだしてくることのできる，直観に裏づけられた一般的手段がある，

というような場合を考えてみよう．しかるときは，われわれは，$A(1)$ から出発して，$A(1')$ であることを実際にたしかめることができ，従ってまた，$A(1'')$ であることをたしかめることができ，以下限りなくどこまでも A が満足されることを見通すことができるであろう．われわれが '数学的帰納法' の正しさを信頼するのはまさしくこのためであって，それは，実に '直観' の助けによってはじめてその確実性を獲得するものなのである．

われわれは '論理' によって物事を考えているように見

えるかもしれないが，それはあまり正当ではない．たとえば，われわれは，直観に裏づけられたある操作をおこなって，ある条件にしたがう一つのものを実際に見出すことができたとき，その事情を簡単に'これこれの条件に従うものが存在する'という論理的なことばで表現する——ただそれだけのことにすぎないのである．

ただし，そうはいっても，もちろん，'それに従って推論をおこなえば，それは必ず直観の裏づけが期待できる，'というような形式的な論理法則のあることはこれを否定するものではない．これと上のこととは全く別のことなのである——．

すなわち，直観主義者たちは，あらゆるものを彼らのいう'直観'の裏づけのもとにおこなうことを要求し，それによって得られたもののみを確実なものとなし，それ以外のものはこれを絶対に受け入れまいとするのである．

その結果，彼らにとっては，'無限に多くのもの'を一つにまとめる，すなわち，'無限集合'というものを考える，などということは全く不可能とならざるを得ない．たとえば，'自然数全体'というものは，完結した形で直観の裏づけを得る——われわれの目前にあたえられる，ということは決してないであろう．そこには，一定の操作によって限りなくのびていく可能性をもったところの系列があるのみなのである．

2. ところで，普通の数学では，

すべての x は性質 A をもつ：$\forall x A(x)$

という命題の否定は

性質 A をもたないものが存在する：$\exists x \neg A(x)$

なる命題と同じである，という‘論理法則’を用いている．これを記号で書けば，つぎのようになるであろう：

$$\{(\neg \forall x A(x)) \supset (\exists x \neg A(x))\}$$
$$\land \{(\exists x \neg A(x)) \supset (\neg \forall x A(x))\}$$

しかしながら，直観主義者たちの見解によれば，このような法則は一般には正しいとはいわれない．なぜならば，たとえ‘あらゆる可能な自然数 n に対して $A(n)$ である’という事実が否定されたとしても，それだけからは，$A(n)$ でないような具体的な n が‘目の前’に作りだされたとはいえないであろうからである．

もっとも，対象が全部で有限個しかないときは，全く問題がない．すなわち，‘すべての x が性質 A をもつ’ということが間違いである，とわかったならば，その有限個のものを一つ一つためしていくことによって，いつかは必ず性質 A をもたないものが見つけられることであろう．従って，かような場合には，上の法則はもちろん正しいのである．しかしながら，自然数のように無限に多くあるものについては，全部ためしてみるわけにはいかないのはもとより，そもそも，‘自然数の全体’というものが直観的に捉

えることのできないものなのであるから，その捉えられない全体の中の'どこかにある'などというのは全く無意味だ，ということになるのである．

3. さらに一般に直観主義者たちはつぎのように考える：

上述のような事情はほんの一例にすぎないのであって，従来数学で用いられてきたところの論理法則は，'有限個の対象'については正しいかも知れないが，'無限に多くの対象'について用いようとすれば，その多くははなはだ疑わしいものとなってくる．また，論理的なことばに対する従来のような意味づけも，'無限個の対象'については，きわめてあいまいなものといわざるを得ない．従って，そのようなものを用いた推論は必ずしも直観の裏づけを得るとは限らないであろう．

この見地から，彼らは，従来の論理的なことばは，これをつぎのような明確な意味に限定して用いるべきだ，と主張するのである：

$P \vee Q$：Pであることがすでにわかっているか，Qであることがすでにわかっているか，さもなければ，ここにある一つの直観に裏づけられた操作があって，それに従えば，Pが成立するという結論かQが成立するという結論かのどちらかに，必ず落着くことがわかっている，というような場合．

$P \wedge Q$：PもQも成立することがすでにわかっている

か，あるいは，それらをたしかめることのできる，直観に裏づけられた手段をもっている場合．

$P \supset Q$：P であることの証明がもし得られたとしたら，それを出発点として，Q が正しいことの証明を実際に構成することができる——ような手段をわれわれがすでにもっている場合．

$\neg P$：P の証明が得られたならば，それから矛盾を引きだすことのできるような，そういう手段をわれわれがすでにもっている場合．

$\forall x A(x)$：どんな x をもってきても，$A(x)$ であることを証明できるような，直観によってささえられた一般的な操作をもっている場合（たとえば，数学的帰納法で証明できるような場合）．

$\exists x A(x)$：$A(n)$ であるような具体的な一つの n をすでに見出したか，または，それを遂行すればそのようなものを見出すことのできるような，直観に裏づけられた一つの操作がある場合．

さて，このように定めておいて，彼らは，'それに従えば必ず直観の裏づけが期待できる'ような推論規則をいろいろと探していくのである．その中には，前節にのべた論理法則の II, III, IV, V のようなものも入れることをゆるされるのであるが，ここではその詳細には立ち入らないことにする．

しかし，彼らが，そのようなものから，普通の数学では

当然許されるはずの

$$P \vee (\neg P) \quad (前節のⅠ)$$

すなわち, いわゆる '排中律' を除外する, ということは大変重要であるから, ここで一言注意しておく. これについての彼らの理由はつぎの通りである:

そもそも, 彼らにとって, この法則は,

(1) P であることが証明できているか,
(2) P であることの証明が得られたとしたら, それから矛盾を導くことのできるような手段をもっているか,
(3) それに従えば, 上の二つの場合のどちらかに導かれるような手段をもっているか,

いずれかであることを意味する. 従って, P であるともわからず, P であることが矛盾であるともわからず, さらにそれを決定する手段ももたない, というような命題 P に対しては, この法則は決してあてはまらないことになるであろう. たとえば, 歴史上有名な未解決の難問たるフェルマの問題* は,

$P: n \geqq 3$ なる自然数 n に対して,

---

* ごく最近, 解決された. しかし, 本文の言わんとするところは了解して頂けるであろう. 解けてない問題はつねにあるからである. [文庫版脚注]

$$x^n + y^n = z^n$$

となるような自然数 x, y, z は存在しない.

という命題が真であるか偽であるかを問うものなのであるが，これが'解けない'という事実こそ，まさしく'排中律'に一つの例外があることを示すものにほかならない――.

かようなしだいで，彼らは'排中律'を論理法則として認めることを拒否するのである.

直観主義者たちは，大約このようなきわめて確実な仕方で建設されるもののみを数学に含めようとする. しかして，このようにすれば，数学は一歩一歩直観に裏づけられながら進行するのである以上，パラドックスのようなものは決してあらわれるはずがない，と主張するのである.

4. 以上で，直観主義者の主張するところは，大体明らかになったように思われる. すなわち，彼らは，あらゆるものを'目前でたしかめる'か，さもなければ，少なくとも'目前にもちだしてきてたしかめることのできる手段'を持ち合わせていない以上，決して信用しようとはしないのである.

ところで，このような立場に対しても，多くの人たちから種々の批判がもたらされたのであった. それは大約つぎのようなものである：

彼らの考える数学は，なるほど確実なものではあろう.

しかし，それは，歴史的に存在する数学にくらべたとき，あまりにもせまいといわざるを得ない．たとえば，数学者にとって排中律が使えない，ということは，あたかも拳闘家がにぎりこぶしの使用を禁止されるようなものだ，といえるであろう．それに，彼らのいう'直観'も，かなり独断的なものではあるまいか——．

　直観主義者たちは，この批判の第一の点については，歴史的な数学自身が不正をやっていたのであるから，それが廃棄されるのは当然である，と反論する．しかし，この点はきわめて問題であって，たとえ，彼らのいう'直観'のみが確実性を保証し得るただ一つのものであることを承認したとしても，果して，彼らの建設するような数学以外に，彼らの'直観'によって保証され得るような確実なものは一つもないのか，という疑問は残されるのである．

　一方，彼らの'直観'が'独断的'である，という点についてであるが，これにはむしろ同情的な見方をしてやる方がより自然なのではないかと思われる．それはなるほど，独断的ではある．そのような，他のすべてのものとはっきり区別された一定の能力がすべての人に普遍的にあたえられている，などということは，決して確かなことではないであろう．しかし，少なくとも，人が何物かを考え，また相互に共同しようとするときは，どうしても何らかの'符号'ないしは'記号'を'弁別'することが絶対必要である．しかして，直観主義者たちは，'直観'として，この'弁別能力'以上のものはあまりこれを要求してはいない，

ということができるであろう．従って，彼らが独断的に提出するところのものは，そのようにして提出され得るもののうちの最小限度のものだ，ということができるのではないであろうか．

つまるところ，彼らの立場にとっては，他のあらゆる立場がどうしても認めざるを得ない最小のもののみが要求されるわけであって，その点あまり問題はないように思われる．

しかし，歴史的に存在する数学の多くをすてなければならない，という一点——重要な一点——は，大多数の数学者の共感を得なかったのであった．

§4　形式主義と有限の立場

1. 上にのべた二つの思想は，人が日常数学と考えているものは一体どのようなものであるか，あるいは，数学が絶対確実なものであるためには，それは一体どのようなものであるべきか，というような——いわば，'外現場的'な問から出発したところのものであった．

これに反して，われわれがこれからのべようとするヒルベルトの'形式主義'においては，現実の数学者が現実に研究しているところの現実の数学は一体どのようなものであり，そして，それがパラドックスに対して安全であるためには，どのような処置が講ぜらるべきであるか，ということを考えるのである．

しかして，そのいちじるしい点は，ヒルベルトたちがブ

ラウアーたちと一致して、絶対確実なものを保証し得るのは直観以外にはないということ、及び '完結した無限' なるものは決して直観の裏づけを期待し得ないということを明白に認めながら、一方では、そのような '完結した無限' や直観に裏づけられない推論をすてない、という事実であろう.

しかしながら、一体そのようなことは果して整合的に可能であるのであろうか？ 以下に、これについてのヒルベルトの見解を紹介しよう.

2. まず、ヒルベルトは、'数学とは何であるか' ということについて、つぎのように考えるのである：

彼によれば、数学の各理論、たとえば '群論' や 'ユークリッドの幾何学' や '集合論' などの理論は、'公理' と呼ばれるいくつかの命題の集まり——公理系——のみを基礎に仮定して、それ以外の仮定は絶対に用いず、全く論理的演繹的に組み立てられるはずのものである. その際、'あるいは' とか 'すべての' とかいう類のいわゆる '論理的ことば' 以外の術語——たとえば '円' とか '直線' とかいうようなことば——は、そのうちのごく少数の基本的なものから、これをすべて '定義' することができる.

しかして、そのような整理をおこなった上は、推論に際して、その基本的な術語に、公理に書いてある以外の条件を決してつけてはならない. すなわち、それは、公理にのべられた条件以外には、全く客観的な内容をもたないもの、と考えるべきである. これに違反した推論は、その理

論の内容としては認められないことになるであろう.

ところで, 理論がこのように整頓されたならば, 人は, その基本的な術語のもとに何を考えようと, いやしくも公理系を認め, それ以外のものを認めない限りにおいては全く自由であり, かつ互に共同することができる.

また, その公理系や推論に用いる論理法則は, 人々がそれを'協定'として承認するものである限りその選び方は全く自由なのであって, 直観の裏づけがあろうとなかろうと, そのようなことは問題ではない. そもそも, 基本的な術語は, 公理に書いてある条件以外には何ら客観的に固定された意味をもたないものなのであるから, たとえ直観の助けをかりたくとも, それは望めない相談であろう——.

大約, かようなものがヒルベルトの考えの大筋なのであって, これが世に'公理主義'といわれているところのものにほかならないのである.

彼は, 現実の数学はかくの如きものであり, また, かくの如く整理しなければならないと主張する.

しかして, このような考え方は, 大多数の数学者の同調するところでもあった.

3. しかしながら, このような考え方は, ブラウアー一派のきびしい批判にさらされたのであった. すなわち, そのような無責任な態度では結局パラドックスは避けられないであろう. 直観に裏づけられないような公理や推論ほど不確実なものはない, と彼らはいうのである.

ヒルベルトは, このような批判に刺激されて, その公理

主義をつぎのように深化していったのであった．すなわち，'数学'に対する上のような考え方をいささかも変更することなく，その立場の合理化を目指していったのである：

まず，数学の理論が上のように公理主義的に整頓されるものであることを前提とした上で，その論理的なことば，基本的な術語，及び変数を，全部，ラッセルのように'記号'でもっておきかえることにする．

　　注意　一般に，'基本的な術語'には
　　1．'1'のように対象（個体）をあらわすもの
　　2．'……と……との和'のように函数をあらわすもの
　　3．'……は……より大きい'のように述語をあらわすものの3種がある（46ページ参照）．

しかるときは，その理論の中に出てくる'ことばの組合せ'のうちの

（Ⅰ）　対象をあらわすもの
（Ⅱ）　命題をあらわすもの

は，これをすべて一定の'記号の組合せ'でもって表現できることになるであろう．

以下，理解の便のために，一例をあげて説明を進めることにする．

いわゆる'群論'は，周知のごとく，つぎのような公理系をその基礎においている：

一つの集合 M が'群'であるというのは，M の任意の二

元 a, b に対して，その‘積’と呼ばれる第三の元 c を対応させる函数があって，それがつぎの条件を満足することを指す．a と b との積は，これを $a \circ b$ と書く．

1. すべての元 a, b, c に対して $(a \circ b) \circ c = a \circ (b \circ c)$.
2. すべての元 a に対して $a \circ e = e \circ a = a$ となるような，そういう一つの元 e がある．これを単位元という．
3. 各元 a に対して，

$$a \circ a^{-1} = a^{-1} \circ a = e$$

となるような元 a^{-1} がある．これを a の逆元という．

もちろん厳密にいえば，暗々裡に仮定されているつぎのようなものをもその公理に含めなければならないであろう：

4. すべての元 a に対して $a = a$
5. すべての元 a, b に対して，$a = b$ ならば $b = a$
6. すべての元 a, b, c に対して，$a = b$ かつ $b = c$ ならば $a = c$
7. すべての元 a, b に対して，$a = b$ ならば $a^{-1} = b^{-1}$
8. すべての元 a_1, a_2, b_1, b_2 に対して，$a_1 = a_2$ かつ $b_1 = b_2$ ならば

$$a_1 \circ b_1 = a_2 \circ b_2$$

注意 0 以外の実数全体を M，普通の乗法‘×’をここに

いう '∘', '1' を 'e', $\frac{1}{a}$ を 'a^{-1}' と考えれば, これは一つの '群' である. また, 整数の集合を M, 普通の '+' をここにいう '∘', '0' を 'e', '$-a$' を 'a^{-1}' とみなせば, これも一つの '群' を形づくる. 一般に, かように公理系を満足する具体的なものを公理系の 'モデル' と称する (58ページ参照).

さて, この理論の中の基本的な術語は

1. 対象：'単位元'
2. 函数：'……と……との積', '……の逆元'
3. 述語：'……と……とは等しい'

の四つである. しかし, これらはわざわざ別の記号でもって置きかえるまでもなく, すでに公理の中に記号でもってあたえられているのであるから, そっくりそのままを採用することにすればよい.

そうすれば, まず, この理論の中にあらわれるところの '対象, すなわち, ある元をあらわすことばの組合せ' は, すべて, つぎのような仕方で作りだされるような '記号の組合せ' でもって, 完全に置きかえられることが知られるであろう (一般に, 理論の対象をあらわす '記号の組合せ' を '対象式' と呼ぶ)：

1. 変数 $a, b, c, \cdots$, 及び, 単位元の記号 e は対象式である.
2. もし s が対象式であれば, $(s)^{-1}$ はまた対象式である.

3. もし s, t が対象式であれば, (s)∘(t) はまた対象式である.
4. このようにしてできたもののみが対象式である.

たとえば,

$$((e)^{-1})\circ(a), \quad ((((a)\circ(b))^{-1})^{-1})\circ(a)$$

などはあきらかに対象式であるわけである.

さらにまた, 群論にでてくるあらゆる命題が, すべて, つぎのような記号の組合せ——これを簡単に'論理式'という——であらわされることは, これまた容易に見てとられるところであろう (もちろん, 論理式の真偽はこれを問わない).

1. s, t が対象式であるとき, s=t は論理式である.
2. A, B が論理式であれば, ¬(A), (A)∧(B), (A)∨(B), (A)⊃(B) はまた論理式である.
3. いま, $x, y, z, \cdots$ を上にのべたものとは全く違った種類の変数とし, これを束縛変数と呼ぼう (それに反して, これまでの変数 $a, b, c, \cdots$ は単に変数という).

 さて, 一つの論理式 A の中に変数 a が幾つか含まれているとき, そのうちの任意の幾つかの下に, 目印のための横線を引き, その結果を A(a) とあらわすことにする. この表現の括弧の中の a は, その下に線を引かれた a を象徴するものにほかならない (たとえば, A が

$$((a=e)\wedge(a=a))\vee(a=b)$$

というような論理式のとき,ここで第一と第四の a に下線を引いて

$$((\underline{a}=e)\wedge(a=a))\vee(\underline{a}=b)$$

とすれば,A(a) の a は,とりもなおさず,これらの a を指しているわけである).

しかるとき,このような A(a) の中の下線を引かれた a を,全部,A の中にないような一つの束縛変数 x でもっておきかえ(このとき下線は除いてしまう):

$$A(x),$$

括弧でくくり:$(A(x))$,その前に $\forall x$, あるいは $\exists x$ をつけて

$$\forall x(A(x)),\quad \exists x(A(x))$$

とすれば,これらはまた論理式である.(従って,上の例では,

$$\forall x(((x=e)\wedge(a=a))\vee(x=b)),$$
$$\exists x(((x=e)\wedge(a=a))\vee(x=b))$$

のようなものが,また論理式となるわけである.)
4. 以上によってできたもののみが論理式である.

たとえば，上にあげた群論の公理系における各公理は，それぞれつぎのような'論理式'であらわされることになるであろう（わかり易くするために，括弧はこれを大部分省いて書くことにする）．

1. $\forall x \forall y \forall z((x \circ y) \circ z = x \circ (y \circ z))$
2. $\forall x(x \circ e = x \land e \circ x = x)$
3. $\forall x(x \circ x^{-1} = e \land x^{-1} \circ x = e)$
4. $\forall x(x = x)$
5. $\forall x \forall y(x = y \supset y = x)$
6. $\forall x \forall y \forall z((x = y \land y = z) \supset x = z)$
7. $\forall x \forall y(x = y \supset x^{-1} = y^{-1})$
8. $\forall x \forall y \forall z \forall w((x = y \land z = w) \supset x \circ z = y \circ w)$

注意 われわれは，上に A(a) というような書き方を導入した．それと全く同様に一つの論理式 A の中にあらわれる変数 a の幾つかと b の幾つかの下に目印の横線を引いたような場合，その結果を A(a, b) と書くことがある．もっと多くの変数の場合や，さらに，論理式だけにとどまらず，対象式に対しても，同様の工夫がしばしば採用されるのである．

さて，以上のように考えた上で，われわれの理論の構成を眺めてみるとき，実はつぎのようなことがわかってくるのである：

そもそも，理論は証明から成り立っている．しかして，いま，'前提'と呼ばれる幾つかの論理式と，'終結'と呼ばれる幾つかの論理式とから成り立つようなものを一般に

'定理' ということにするとき，'証明' なるものは，最も自明な定理から出発して，定理から定理へと確実な推論に従っておしすすめられるようなものにほかならないであろう．すなわち，'定理' とは，一般に

　　'$A_1, A_2, \cdots, A_m$ なる仮定のもとに，$B_1, B_2, \cdots, B_n$
　　のうちの少なくとも一つが成立する'

というような形をしたものである．いま，これを記号的に

$$A_1, A_2, \cdots, A_m \longrightarrow B_1, B_2, \cdots, B_n$$

と書くことにすれば，'証明' とは，このようなものが上から下へずらっと並んだものにほかならないのである．

　ところで，まず，その '最も自明な定理' の名に値するものは，よく考えてみると，何の作為もまだ施されていないような

$$A \longrightarrow A$$

という形のものでしかあり得ないであろう．

　しかして，その証明の途中において，上の方の定理から下の方の定理への移り行きを支配する '推論の規則' は，上の方の定理の形を '変形' することによって下の方の定理に導くような，そういう種類の操作であり，しかも，大多数の人々によって，上の方の定理が正しければ下の方の定理もまた常に正しい，と信ぜられるようなものでなければならないのである．すなわち，それはたとえば

$$\frac{A \longrightarrow B \quad B \longrightarrow C}{A \longrightarrow C} \quad \text{とか} \quad \frac{A(a) \longrightarrow B}{\forall x(A(x)) \longrightarrow B}$$

のようなものでなければならないであろう．もちろん，そのようなものは枚挙されるべきであり，それはまた実際できるはずである．

ともかく，このようにすれば，'証明' というものは，幾つかの一定の規則に従って，'定理という記号の組合せが変形されてゆく系列' とみることができるわけである――．

ここでヒルベルトはつぎのように考える：

数学の理論をこのように完全に記号化し，かような形で数学を表現することに協定した暁においては，人は，その記号をどのように解釈しようとも，また，推論の規則をどのように読みとろうとも，それは全く自由である．すなわち，彼らが心の中で何を考えていようとも，記号の扱い方において一致している限り，互に共同することができ，また，各人の書くものは相互に理解できるような '記号変形' となるであろう．

また，現実の数学は，まさしくこのようなものにほかならないとみることができる．従って，われわれが '数学' というものを文化現象として客観的に論じる場合には，むしろ，この客観的な記号変形の体系の方を '数学' としてとり扱うべきであろう――．

かような考え方は，まさしく，'公理主義' の一歩前進したものなのである．

4. さて、このように考えてくると、理論の中に、あるパラドックスがあらわれるということは、ちょうど、つぎのようなことと解釈されるであろう。すなわち、それは、上のような一つの'証明'、すなわち'定理の変形系列'の一番下に、その前提がその理論の公理系の各論理式：A_1, A_2, $\cdots$, A_n であり、終結が

$$(A) \wedge (\neg(A)) \quad (A であって、かつ A でない)$$

なる形の論理式であるような一つの定理：

$$A_1, A_2, \cdots, A_n \longrightarrow (A) \wedge (\neg(A))$$

があらわれる、ということにほかならないのである.

ここでヒルベルトは考える：

もし、われわれの各'証明'そのものが、あたかも各'自然数'のように、直観の助けを期待できるような確実な考察の'対象'となり得るものであるならば、全く確実な仕方で、その理論の中にパラドックスが起るか起らないかを議論できることになるであろう.

実際、われわれのあらゆる'証明'は、最も原始的な、ただ一つの定理しか含まないような証明：

$$A \longrightarrow A$$

を出発点として、いくつかの'推論の規則——変形の規則'に従い、これを下へ下へとのばして作られるのであった.しかして、これは、ちょうど、すべての自然数が、最も原

始的な '1' を出発点とし，'ダッシュをつける' という '規則' によって，1′, 1″, … というふうにつぎつぎに作られてゆくのと全く同じことである．従って，これが，直観主義者でも許すような確実な考察の対象となり得ることは，絶対間違いないであろう．

しかして，もし，このような '証明' を対象として，理論の中にパラドックスが起らない，すなわち，上に述べたような形の証明はない，ということを直観の援助のもとに証明できたとしたらどうであろうか．そのときは，数学者はその心の中で何を考えようと，直観の裏づけのあることを考えようと，ないことを考えようと，ただ，その変形の規則に従うように考えてゆく限り，絶対にパラドックスはあらわれないということになるであろう．そしてそれは，直観主義的な確実さでもって保証できるのではあるまいか．われわれは，数学の確実さを，このような方向から保証すればよい——．

5. 以上で，ヒルベルトの考え方——形式主義——はほぼ明らかとなったようである．彼によれば，各数学者の心の中にあるものは，正確には知られようもないし，また，これを知る必要もない．各人の数学への寄与は，それぞれ自己の内部にあるものとその動きとを表現するところの，記号とその変形とを提示することによってのみ可能なのであり，また，それで十分である．従って，客観的には，この記号変形の体系そのものをもって文化現象としての数学というべきであろう．

しかして，その公理系や推論の規則の選び方は，各数学者がその体系の発展に共通の意欲を持つ限り何らの制約もないのであって，その点全く自由である．ただし，その際，パラドックスを避けるためには，その体系の'証明'そのものを対象とし，直観に裏づけられた推論によって，'前提が公理系の各論理式であり，終結が $(A) \wedge (\neg (A))$ なる形の論理式であるような定理'のでてこないこと，すなわち'理論の無矛盾性'を保証しなければならない，とするのである．

ヒルベルトは，このような考え方をもってブラウアー一派に対する答案としたのであった．

これは，およそ'直観'というものが確実なものである限りにおいて，まことにもっともな見解であるというべきであろう．

しかし，実際問題として見るとき，その無矛盾性の証明は多くの場合きわめて困難なのであって，現在の数学における理論の大部分は，いまだに全く無保証のままにのこされている現状なのである．

とはいえ，その自然さの故に，かような考え方は大多数の数学者の共感を獲得して，その圧倒的な支持を受けることとなったのである．

6. 上に述べたような，記号化された理論体系を対象として，とくに理論の無矛盾性の保証を目標とする直観的な理論は，ヒルベルトによって，'**証明論**'と名づけられている．

彼は，はじめ，この理論によって許される推論を，直観主義者たちの許すものの中でも，より確実と思われるもののみに限定しようとし，その立場を'有限の立場'と称したのであった．

その後，この'有限の立場'は，学者たちの間で，ヒルベルトの意図をくみつつ幾通りか違った風に解釈しなおされ，直観主義的なものはすべてその立場で認められる，とする人たちもあれば，また，より狭い範囲のものしか認められない，とする人たちもあるのである．

しかし，そのような相異は，'直観'というものの受けとり方にもよることで，簡単に批評し去るわけにはゆかないであろう．

ここでは，一つの目安として，比較的狭い範囲のものしか認めないような種類の'有限の立場'を説明しておくことにする*：

（A）対象について．この立場で考えることを許される対象は，有限個のもの以外は，すべて，自然数のように'構成的'に捉えられるようなものでなければならない．いいかえれば，この立場では

（Ⅰ）すでに対象とすることを許された原素的なもの（例えば'1'）から出発して
（Ⅱ）あるものが得られたら，それらからつぎのものを作りだすことのできるような幾つかの構成規則（たと

---

* これは，ヒルベルト自身が考えていたものに比較的近い．

えば，'ダッシュをつける'というような規則）によっ
て作りだされるようなもの

のみを対象として認めようとするのである．

われわれが上に取り扱った'対象式'や'論理式'など
は，たしかにこのような'構成的'なものであった．

（B）述語と函数について．この立場では，対象に関す
る述語（性質）や函数としては，直接個別に定義できるも
ののほかは，つぎにのべるような'帰納的'に定義される
もの，及び，それらを——直接に，あるいは，¬，∨，∧，
⊃ を用いることにより——結合してできるようなものし
か認めない．

たとえば，自然数についての'偶数である'という述語
は，つぎのようにして定義される：

(1) $1'$ は偶数である，
(2) n が偶数ならば，n'' はまた偶数である．

すなわち，それは，まずその述語をみたすごく基本的な
もの（'$1'$'）を指定し，あとは，その述語をみたす任意のも
のから，対象が生成される順序に従い，同様のものを作り
だしてゆく仕方を与えることによって定義されるのであ
る．

'帰納的に定義される述語'とは，このようなものにほか
ならない．

また，自然数の'加法 $n+m$'は普通つぎのようにして

定義される：

$$n+1 = n' \qquad (1)$$
$$n+m' = (n+m)' \qquad (2)$$

すなわち，ここでは，まず函数の一つの変数 m が基本的な値（'1'）であるときの函数値（'n''）を指定し，つぎには，その変数のある値（'m'）に対応する函数がわかったとき，対象を作りだす仕方によってそのつぎにでてくる変数値（'m''）に対応する函数値が，それから知られるようなある'規則'があたえられるのである．

'帰納的に定義される函数'とはかようなもののことにほかならない．

このような函数は，変数のどんな値に対しても，基本的な変数値に対応する函数値から出発して，例の'規則'を用いながら，しまいにはその函数値を実際に計算してしまうことができる．

たとえば，$n+3$，すなわち $n+1''$ を計算したいときは，つぎのようにすればよい：

（Ⅰ）　　　$n+1 = n'$　　　（（1）による）
（Ⅱ）　　　$n+1' = (n+1)'$　（（2）による）
　　　　　　$= n''$　　　　（（Ⅰ）による）
（Ⅲ）　　　$n+1'' = (n+1')'$　（（2）による）
　　　　　　$= n'''$　　　　（（Ⅱ）による）

このようなものが，確実に直観の裏づけを期待できるもの

であることは明らかであろう.

(C) 推論について. この立場では, 個別的な観察でたしかめられるようなことは, これをもちろん承認する. しかし, それ以外には, ある構成的な対象のすべてが, ある '考えることを許された性質' を満足する, というような事実を証明することしか認めない. しかもその '証明' は, その対象の個々がその性質を満足する事実を実際にたしかめることのできる '一般的な手段' を提供するような, そういうものでなければならない.

たとえば, つぎにあげるような帰納法による証明は, そのような許されるものの一種である：

自然数 m についての '$m+1=1+m$ である' という述語——性質は, 帰納的に定義された函数（'$+$'）と, 個別的に当面のものの比較によって定義できる述語（'$=$'）とを組み合わせて作られているから, 当然 '考えることを許された性質' である. ところで, まず

(α) m が 1 のとき：$m+1=1+m$ の両辺は $1+1$, すなわち, $1'$ となるから, これはたしかに正しい式である.

つぎに

(β) その式は n のとき正しいとする：

$$n+1 = 1+n \qquad (*)$$

しからば, 加法の定義と $(*)$ とによって

$$n'+1 = n'' = (n+1)' = (1+n)' = 1+n'$$

よって，その式は n' のときも正しい．

故に，すべての自然数 m は '$m+1=1+m$ である' という性質を満足しなければならない——．

このような証明によれば，まず (α) によって定理は $m=1$ のとき正しいものであることが保証される．そうすれば，今度は (β) によって，$m=1'=2$ のときも正しいことが保証される．そうすれば，さらにまた (β) によって，$m=1''=3$ のときも正しいことがわかる．かくして，どこまでも，どのような数をもってきたとしても，実際にそこまでたしかめてゆく手段があたえられているわけである．

この立場が，上のような帰納法による証明を認めるのは，まさしくこのためにほかならない．

同様の理由から，この立場では，一般に，構成的なものについて '考えることを許された性質' をもってきたとき，もしつぎの2項目がたしかめられたならば，これから 'そのすべての対象はその性質を満足する' と推論することを許すのである：

(α)　原素的な対象はその性質をもつ，

(β)　ある対象がその性質をもつならば，それから対象の構成規則によって作られるすべての対象がまたその性質をもつ．

このような証明方法を '**一般帰納法**' と称する．

7．われわれは，次章において，証明論のごく初等的な部分を実際に展開してみようと思う．その際われわれは，

'有限の立場'としては，上にのべたようなごく狭いものを理解することにする．

　もちろん，もっと広く，直観主義的なものを全部含めることにしても差支えはないわけであるが，用いられる推論が制限されればされるほど，でてくる結果は，当然，より確実なものとなるであろう．

　このような立場は，なるほど，極端に狭いものではあるが，上の説明からも察せられるように，自然数の普通の算術——四則や大小の比較——は，日常の計算にさして支障のない程度にまで保証されるのであって，われわれは，そのようなものは，以下の証明論において自由にこれを用いることが許されるのである．

　　注意　われわれが上に説明した有限の立場が直観主義の立場とどの位違うか，ということは，やや高級な問題に属している．従って，ここではそれに立ち入らない．

第3章 証 明 論

§1 形式的体系

1. 本章では，前章の最後にその趣旨を説明しておいたところの'証明論'のごく初等的な部分を，実際具体的に展開する．

ところで，この理論に関しては，それに必要な定義のいくつか——たとえば，'対象式'とか'論理式'などの定義——は，前章においてすでにのべられているわけである．

しかし，本章では，正確を期するため，一切そのようなものには依存せず，はじめからあらためてやりなおそうと思う．

証明論とは，何度ものべるように，ある一つの'公理系から出発する数学的な理論'——このようなものを'**公理的理論**'という——を固定しておいて，その理論の中で行われるところの'証明'そのものをその対象として研究する分野のことにほかならない．

以下における議論は，すべての'公理的理論'——それが群論であろうと，自然数論であろうと，実数論であろうと，常にあてはまるような形でのべられていくが，読者は，それをそのままに読み流すよりは，ある一つの具体的な理

論,たとえば群論とか自然数論などの理論を念頭において読み進められた方が了解しやすいであろう.

まず,本節では,任意の'公理的理論'の'証明'を厳密に'構成的'に定義することをその目標とする.そのためには,いうまでもなく,前章でのべたような'推論の規則'の正確な枚挙が行われなければならないであろう.

2. 一つの'公理的理論'——たとえば群論——を固定して考える.しかして,まず,その公理系にあらわれる'基本的な術語'を

(1) 対象に関するもの
(2) 函数に関するもの
(3) 述語に関するもの

に分類して,これを全部数え上げ,その各々に一つ一つ違った記号をあたえていくことにする.ただし,その記号は,明確なものでありさえすれば何でもよいのであって,'ひとしい'というような術語にはどうしても'='なる記号をあたえなければならない,というような規則は別にないのである.

ところで,その際,各'函数'については,それが何個の変数をもつか,ということを調べ上げ,その変数の数を,その函数に対応する記号の右肩に,括弧でくくって書き記していくようにする.

また,'述語'についても,それが何個の変数についての述語であるかを調べ,その数を,やはり,対応する記号の

右肩に括弧でくくって書いておくようにするのである．たとえば，'大きい' という述語は二つの変数――すなわち，'a は b よりも大きい' というときの a と b ――についての述語である．従って，それはたとえば '$>^{(2)}$' あるいは '$P^{(2)}$' というような記号であらわされることになるであろう．

さて，このようにして，基本的な術語のすべてに，それぞれ一つずつ記号があたえられたならば，それらを全部あつめて，つぎのような一つの表を作り上げる：

1. 対象：$e_1, e_2, \cdots, e_p$
2. 函数：$f_1^{(i_1)}, f_2^{(i_2)}, \cdots, f_q^{(i_q)}$
3. 述語：$P_1^{(j_1)}, P_2^{(j_2)}, \cdots, P_r^{(j_r)}$

たとえば，群論では，その基本的な術語に対し，それぞれ，第1章の記号をそのままあたえることにすれば，上の表は，つぎのようになるであろう：

1. 対象：e
2. 函数：$\prime^{(1)}, \circ^{(2)}$
3. 述語：$=^{(2)}$

ここに '$\prime$' や '$\circ$' や '$=$' の肩の数字は，もちろん，その記号に対応する函数や述語の変数の数を示すためのものにほかならない．

われわれは，これから，当面の '公理的理論' のすべてを記号化していこうとするのであるが，その際必要となる

記号は，実は，上のような表にあらわれるものと，それから，つぎにあげるようなもののみなのである：

(ⅰ) 論理記号：$\vee, \wedge, \neg, \supset, \forall, \exists$
(ⅱ) 変数：$a, b, c, d, \cdots$
(ⅲ) 束縛変数：$x, y, z, w, \cdots$
(ⅳ) コンマと矢印と括弧：, , $\longrightarrow$, ( ), { }, [ ]

3. 上に整理したような記号をよりどころにして，われわれは，いわゆる'対象式'，すなわち，理論の'対象を表現する記号の組合せ'をば，つぎのように構成的に定義する：

(1) 変数 $a, b, c, \cdots$, 及び，対象の記号 $e_1, e_2, \cdots, e_p$ は対象式である．
(2) $t_1, t_2, \cdots, t_{i_k}$ が対象式ならば，

$$f_k^{(i_k)}(t_1, t_2, \cdots, t_{i_k})$$

はまた対象式である．（すなわち，これは，'函数' $f_k^{(i_k)}$ の変数の値として，'対象' $t_1, t_2, \cdots, t_{i_k}$ を代入して得られるような対象をあらわすわけである．ただし，この際，'$'^{(1)}$' や '$\circ^{(2)}$' のように，変数がその左下や両脇に書かれるような函数記号については，対象式の作り方をそのように修正しなければならない．）
(3) 以上によってできたもののみが対象式である．

さて，かくの如くして，'対象式' がわれわれの直観的議

論の対象として許されるものとなった上は、今度はこれを基礎として、'論理式'、すなわち、'当面の公理的理論の中の文章をあらわすような記号の組合せ' を構成的に定義する：

(1) $s_1, s_2, \cdots, s_{j_h}$ が対象式ならば、

$$P_h^{(j_h)}(s_1, s_2, \cdots, s_{j_h})$$

は論理式である。（すなわち、'述語' $P_h^{(j_h)}$ の変数として、'対象' $s_1, s_2, \cdots, s_{j_h}$ を代入したわけである。ただし、この際、'$=^{(2)}$' や '$>^{(2)}$' のように変数がその両脇へくるような述語記号については、論理式の作り方をそのように修正しなければならない。)

(2) A, B が論理式ならば

$$(A) \vee (B), \ (A) \wedge (B), \ (A) \supset (B)$$

はまた論理式である。

(3) A が論理式ならば

$$\neg (A)$$

はまた論理式である。

(4) 論理式 A の中にあらわれるある変数 a のうちの幾つかに下線を引き：

$$A(a),$$

それらの a を A の中にない一つの束縛変数 x でおきかえ（その際，もちろん下線はとりのぞく）：

$$A(x),$$

括弧でくくり，その前に $\forall x$ あるいは $\exists x$ をつけたもの：

$$\forall x(A(x)), \ \exists x(A(x))$$

はまた論理式である．

(5) 以上によってできたもののみが論理式である．

当面の公理的理論の中の文（公理をふくめて）が，すべて，このような'論理式'としてあらわされることはいうまでもあるまい．

こうして，'論理式'が，またわれわれの議論の対象として許されるものとなったわけである．

つぎには，これを基礎として，当面の理論の中の'定理'——正しいものも間違ったものも含めて——を記号化することを考える．その結果得られるはずのものを，便宜上，'推件式'という名で呼ぶことにしよう：

(1) 記号 ⟶ は推件式である．
(2) S が推件式であり，A が論理式ならば

$$S, A \text{ 及び } A, S$$

はまた推件式である．

(3) 以上によってできたもののみが推件式である.

'推件式' が一般に

$$A_1, A_2, \cdots, A_m, \longrightarrow, B_1, B_2, \cdots, B_n$$
$$(A_i, B_j は論理式)$$

という形をしていることはあきらかであろう．その意味は，'$A_1, A_2, \cdots, A_m$ を前提として，$B_1, B_2, \cdots, B_n$ のうちの少なくとも一つが結論としてでてくる' ということにほかならない．

一般に，矢印の左を推件式の '仮設'，右をその '終結' と称する．

ところで，この際注意しなくてはならないのは，特別な場合として，仮設，ないしは終結，あるいは極端な場合には両方ともが，一つも論理式を含まないような推件式:

$$\longrightarrow, B_1, B_2, \cdots, B_n$$
$$A_1, A_2, \cdots, A_m, \longrightarrow$$

もあらわれるということである．

これらの推件式の意味は，実は，それぞれ

'無条件で $B_1, B_2, \cdots, B_n$ のうちの少なくとも一つが成立する'
'$A_1, A_2, \cdots, A_m$ という仮設は矛盾する'
'矛盾である'

ということなのであるが,一番上の意味づけはともかくとして,下の二つのような意味づけの根拠は,あとであきらかになるであろう.

注意 推件式における矢印の前後のコンマは,簡単のために省略して書かれることが多い.すなわち,

$$A_1, A_2, \cdots, A_m, \longrightarrow B_1, B_2, \cdots, B_n$$
$$\longrightarrow B_1, B_2, \cdots, B_n$$
$$A_1, A_2, \cdots, A_m,\longrightarrow$$

は,それぞれ

$$A_1, A_2, \cdots, A_m \longrightarrow B_1, B_2, \cdots, B_n$$
$$\longrightarrow B_1, B_2, \cdots, B_n$$
$$A_1, A_2, \cdots, A_m \longrightarrow$$

と書いてもよいのである.

以下,便宜上,幾つかの――あるいは,特別な場合として0個の――論理式の列を,Γ, Θ, Λ などのギリシア大文字でもってあらわすことに約束する.かようにすれば,推件式は,一般に

$$\Gamma \longrightarrow \Theta$$

というふうにこれを書くことができるわけである.

4. さて,今度は,いよいよ,'証明'を構成的に定義することを考える.

それには,まずもって,例の'正しい定理から正しい定理を導く推論の規則'というものを全部枚挙しなくてはな

らないであろう．

　実をいうと，それは，つぎの 21 個で十分であることがたしかめられている．いうまでもなく，それらは，すべて，上の方に書いてあるような形の一つあるいは二つの'推件式'を変形して，下の方に書いてあるような形の一つの'推件式'を導いてもよい，という意味の規則なのである．規則の左上に書いてあるのは，その規則に付された名称にほかならない（括弧内は記号の読み方である）：

右⊃（含意）

$$\frac{A, \Gamma \longrightarrow \Theta, B}{\Gamma \longrightarrow \Theta, (A) \supset (B)}$$

左⊃（含意）

$$\frac{\Gamma \longrightarrow \Theta, A \quad B, \Gamma \longrightarrow \Theta}{(A) \supset (B), \Gamma \longrightarrow \Theta}$$

右∧（連言）

$$\frac{\Gamma \longrightarrow \Theta, A \quad \Gamma \longrightarrow \Theta, B}{\Gamma \longrightarrow \Theta, (A) \wedge (B)}$$

左∧（連言）1

$$\frac{A, \Gamma \longrightarrow \Theta}{(A) \wedge (B), \Gamma \longrightarrow \Theta}$$

右∨（選言）1

$$\frac{\Gamma \longrightarrow \Theta, A}{\Gamma \longrightarrow \Theta, (A) \vee (B)}$$

左∧（連言）2

$$\frac{B, \Gamma \longrightarrow \Theta}{(A) \wedge (B), \Gamma \longrightarrow \Theta}$$

右∨（選言）2

$$\frac{\Gamma \longrightarrow \Theta, B}{\Gamma \longrightarrow \Theta, (A) \vee (B)}$$

左∨（選言）

$$\frac{A, \Gamma \longrightarrow \Theta \quad B, \Gamma \longrightarrow \Theta}{(A) \vee (B), \Gamma \longrightarrow \Theta}$$

右¬（否定）

$$\frac{A, \Gamma \longrightarrow \Theta}{\Gamma \longrightarrow \Theta, \neg(A)}$$

左¬（否定）

$$\frac{\Gamma \longrightarrow \Theta, A}{\neg(A), \Gamma \longrightarrow \Theta}$$

右∀ (全称) 　　　　　左∀ (全称)

$$\frac{\Gamma \longrightarrow \Theta, \mathrm{A}(a)}{\Gamma \longrightarrow \Theta, \forall x(\mathrm{A}(x))}$$
$$\frac{\mathrm{A}(\mathrm{t}), \Gamma \longrightarrow \Theta}{\forall x(\mathrm{A}(x)), \Gamma \longrightarrow \Theta}$$

(下の推件式に a は含まれないとする)

右∃ (存在) 　　　　　左∃ (存在)

$$\frac{\Gamma \longrightarrow \Theta, \mathrm{A}(\mathrm{t})}{\Gamma \longrightarrow \Theta, \exists x(\mathrm{A}(x))}$$
$$\frac{\mathrm{A}(a), \Gamma \longrightarrow \Theta}{\exists x(\mathrm{A}(x)), \Gamma \longrightarrow \Theta}$$

(下の推件式に a は含まれないとする)

右増加　　　　　　　左増加

$$\frac{\Gamma \longrightarrow \Theta}{\Gamma \longrightarrow \Theta, \mathrm{A}}$$
$$\frac{\Gamma \longrightarrow \Theta}{\mathrm{A}, \Gamma \longrightarrow \Theta}$$

右減少　　　　　　　左減少

$$\frac{\Gamma \longrightarrow \Theta, \mathrm{A}, \mathrm{A}}{\Gamma \longrightarrow \Theta, \mathrm{A}}$$
$$\frac{\mathrm{A}, \mathrm{A}, \Gamma \longrightarrow \Theta}{\mathrm{A}, \Gamma \longrightarrow \Theta}$$

右互換　　　　　　　左互換

$$\frac{\Gamma \longrightarrow \Lambda, \mathrm{A}, \mathrm{B}, \Theta}{\Gamma \longrightarrow \Lambda, \mathrm{B}, \mathrm{A}, \Theta}$$
$$\frac{\Gamma, \mathrm{A}, \mathrm{B}, \Lambda \longrightarrow \Theta}{\Gamma, \mathrm{B}, \mathrm{A}, \Lambda \longrightarrow \Theta}$$

カット (または三段論法)

$$\frac{\Delta \longrightarrow \Lambda, \mathrm{A} \quad \mathrm{A}, \Gamma \longrightarrow \Theta}{\Delta, \Gamma \longrightarrow \Lambda, \Theta}$$

ここに,たとえば,'左∀' や '右∃' における A(t) は, A(a) という一つの論理式における下線を引かれた a の代りに,ある対象式 t を代入してできるような論理式をあらわすのである.(代入の際,もちろん, a の下の線はとりの

ぞくものとする.)

これらが,すべて,推論の規則として,大多数の人々が正しいと認めるようなものであることは,容易に見てとれるであろう.たとえば,'左 $\forall$' についていえば,

'(1°) t という対象式について $A(t)$ という論理式は正しい

(2°) Γ の各論理式は正しい

という前提から,Θ の中の少なくとも一つの論理式が結論としてでてくる' という定理——上の方の推件式——が正しいならば,

'(1°) すべての x について $A(x)$ が正しい

(2°) Γ の各論理式は正しい

という前提から,Θ の中の少なくとも一つの論理式が結論としてでてくる',という定理——下の方の推件式——も正しいことは,まことに当然至極であろうからである.

さて,これをよりどころにすれば,当面の公理的理論の '証明' をつぎの如く構成的に定義することができる:

(1) $A \longrightarrow A$ という形の推件式は,それ自身一つの証明である.

(2) P_1, P_2 がともに証明であって,それらの一番下の推件式

$$\Gamma_1 \longrightarrow \Theta_1, \ \Gamma_2 \longrightarrow \Theta_2$$

が,左 $\supset$,右 $\wedge$,左 $\vee$,カットなる規則のいずれかにおける '上の二つの推件式' のような形をしていると

する．しかるときは，その規則に従って $\Gamma_1 \longrightarrow \Theta_1$, $\Gamma_2 \longrightarrow \Theta_2$ を変形し，新しい推件式 $\Gamma_3 \longrightarrow \Theta_3$ を作れば，

$$\frac{P_1 \ P_2}{\Gamma_3 \longrightarrow \Theta_3}$$

はまた証明である．

(3) P が一つの証明であって，その一番下の推件式 $\Gamma \longrightarrow \Theta$ が，(2)にあげられた以外の推論の規則のうちのいずれかの '上の方の推件式' のような形をしているとする．しかるときは，その規則に従って $\Gamma \longrightarrow \Theta$ を変形して，新しい推件式 $\Gamma_1 \longrightarrow \Theta_1$ を作れば，

$$\frac{P}{\Gamma_1 \longrightarrow \Theta_1}$$

はまた証明である．

(4) かくしてできるもののみが証明である．

たとえば，当面の公理的理論が '群論' であるならば，式:

$$a \circ {}^{(2)}e = {}^{(2)}a \longrightarrow a \circ {}^{(2)}e = {}^{(2)}a$$

は，(1)によって一つの証明である．しかも，これは，たとえば '右増加' の上の推件式のような形をしているから，これを

$$a \circ {}^{(2)}e = {}^{(2)}a \longrightarrow a \circ {}^{(2)}e = {}^{(2)}a, \ (a'^{(1)})'^{(1)} = {}^{(2)}a$$

と変形すれば，(3)によって

$$\frac{a\circ^{(2)}e=^{(2)}a \longrightarrow a\circ^{(2)}e=^{(2)}a}{a\circ^{(2)}e=^{(2)}a \longrightarrow a\circ^{(2)}e=^{(2)}a,\ (a'^{(1)})'^{(1)}=^{(2)}a}$$

はまた一つの証明 P_1 となる.同様の理由から

$$\frac{a\circ^{(2)}e=^{(2)}a \longrightarrow a\circ^{(2)}e=^{(2)}a}{a\circ^{(2)}e=^{(2)}a \longrightarrow a\circ^{(2)}e=^{(2)}a,\ \forall x(x=^{(2)}e)}$$

もまた一つの証明 P_2 であることがわかる.

ところが,$P_1,\ P_2$ は,その下の推件式が,ちょうど'右 $\wedge$'の'上の二つの推件式'のような形をしているから,この規則に従ってそれらの推件式を変形し,

$$a\circ^{(2)}e=^{(2)}a \longrightarrow a\circ^{(2)}e=^{(2)}a,\ ((a'^{(1)})'^{(1)}=^{(2)}a)\wedge(\forall x(x=^{(2)}e))$$

を作れば,(2)によって

$$\frac{P_1 \quad P_2}{a\circ^{(2)}e=^{(2)}a \longrightarrow a\circ^{(2)}e=^{(2)}a,\ ((a'^{(1)})'^{(1)}=^{(2)}a)\wedge(\forall x(x=^{(2)}e))}$$

はまた一つの証明(これを P とおく)でなくてはならない.

いま

$$a\circ^{(2)}e=^{(2)}a$$

なる論理式を A とおくことにすれば,P はすなわち

$$\frac{\dfrac{A \longrightarrow A}{A \longrightarrow A,\ (a'^{(1)})'^{(1)}=^{(2)}a} \qquad \dfrac{A \longrightarrow A}{A \longrightarrow A,\ \forall x(x=^{(2)}e)}}{A \longrightarrow A,\ ((a'^{(1)})'^{(1)}=^{(2)}a)\wedge(\forall x(x=^{(2)}e))}$$

となっているわけである．

ところで，この一番下の推件式は'左 ¬'の'上の方の推件式'のような形をしているから，その規則に従ってこの推件式を変形し

$$\neg(((a'^{(1)})'^{(1)}=^{(2)}a)\wedge(\forall x(x=^{(2)}e))), \mathrm{A} \longrightarrow \mathrm{A}$$

を作れば，(3)によって

$$\frac{P}{\neg(((a'^{(1)})'^{(1)}=^{(2)}a)\wedge(\forall x(x=^{(2)}e))), \mathrm{A} \longrightarrow \mathrm{A}}$$

すなわち

$$\frac{\dfrac{\dfrac{\mathrm{A}\longrightarrow\mathrm{A}}{\mathrm{A}\longrightarrow\mathrm{A},\,(a'^{(1)})'^{(1)}=^{(2)}a}\quad\dfrac{\mathrm{A}\longrightarrow\mathrm{A}}{\mathrm{A}\longrightarrow\mathrm{A},\,\forall x(x=^{(2)}e)}}{\mathrm{A}\longrightarrow\mathrm{A},\,((a'^{(1)})'^{(1)}=^{(2)}a)\wedge(\forall x(x=^{(2)}e))}}{\neg(((a'^{(1)})'^{(1)}=^{(2)}a)\wedge(\forall x(x=^{(2)}e))),\,\mathrm{A}\longrightarrow\mathrm{A}}$$

はまた一つの証明となる——という具合である．

つぎのようなものも，また証明の一例である（見易いために，函数や述語の記号の肩にある'変数の数'は，これを省略して書くことにする）：

$$\frac{\dfrac{\dfrac{\dfrac{\dfrac{\dfrac{a=a\longrightarrow a=a}{a=a\longrightarrow(a=a)\vee(\neg(a=a))}\text{(右}\vee 1)}{\longrightarrow(a=a)\vee(\neg(a=a)),\,\neg(a=a)}\text{(右}\neg)}{\longrightarrow(a=a)\vee(\neg(a=a)),\,(a=a)\vee(\neg(a=a))}\text{(右}\vee 2)}{\longrightarrow(a=a)\vee(\neg(a=a))}\text{(右減少)}}{}\text{(右}\exists)$$

$$\cfrac{\cfrac{e'=e \longrightarrow e'=e}{\forall x(x'=x) \longrightarrow e'=e}\text{(左∀)} \quad \cfrac{\cfrac{\longrightarrow \exists y((a=y)\vee(\neg(a=y)))}{\longrightarrow \forall x(\exists y((x=y)\vee(\neg(x=y))))}\text{(右∀)}}{e'=e \longrightarrow \forall x(\exists y((x=y)\vee(\neg(x=y))))}\text{(左増加)}}{\forall x(x'=x) \longrightarrow \forall x(\exists y((x=y)\vee(\neg(x=y))))}\text{(カット)}$$

ここに,各横線の右に書いてあるのは,その上から下への移り行きに用いられた推論の規則の名称にほかならない.

一般に,証明における各横線の上から下への移り行きのことを'推論'と称する習慣である.

上の証明の最後の推件式が,

'すべての x について $x'=x$ が成立するならば,どんな x についても,$x=y$ か $x \neq y$ かいずれかであるような y が必ず存在する'

という意味のものであることは,もはやことわるまでもあるまい.

5. 以上で,大体,'証明'の作り方が了解されたと思われる.しかして,このような処置によって,われわれが普通考えているような証明というものが,完全に記号化されたはずだ,ということも,ほぼ察せられるところであろう.

すなわち,われわれが通常公理的理論の中で行うところの証明は,それがもし大多数の人々に認められるようなものであるならば,それは,当然,このような記号的な証明として書きあらわすことができなければならない.

逆に、記号化された'証明'が公理的理論の中の正しい証明をあらわすものであり、従ってまた、その一番下にある'推件式'が'正しい定理'をあらわしているはずである、ということも、これまた当然であろう.

同様の理由から、つぎのようなことも知られる.

いま、当面の公理的理論の各公理をあらわす論理式が、それぞれ

$$A_1, A_2, \cdots, A_m$$

であるとし、この列をまとめて Γ とおくことにする. しかるとき、もし

$$\Gamma \longrightarrow A$$

という形の推件式が、ある一つの'証明'の一番下にくるようなことがあったならば、この論理式 A は、必ず、その理論の中の'正しい文'をあらわすものでなければならない.

その理由はつぎのとおりである：

まず、上述の注意によって

(1) 推件式：

$$\Gamma \longrightarrow A$$

が正しい定理をあらわしていることは間違いない.

つぎに

(2) その定理の仮設たる（Γの各論理式に対応する）各文は，それぞれ，当面の理論の‘公理’をあらわしているのであるから，それらはその理論の根本前提として，当然承認されるべきものである．

よって，その終結たる A に対応する文も，ぜひとも，また，その理論の中で正しいものでなくてはならないことになるであろう．

一般に，ある‘証明’の一番下にくるような推件式は‘証明可能’であるといわれる習慣である．

こうして，公理的理論を記号化する方法があきらかとなった．

このような記号化された体系を，もとの公理的理論に対応する **‘形式的体系’** と称する．

6. 上述のことからもあきらかな如く，一つの公理的理論からパラドックスがでてくる，というのは，まず，その理論に対応する形式的体系をつくり，その公理的理論の各公理に対応する論理式の列を Γ としたとき，

$$\Gamma \longrightarrow (A) \wedge (\neg(A))$$

なる形の推件式が，その形式的体系の中で証明可能である，ということにほかならないであろう．

ところで，このことは，実はもっと別な仕方でいいあらわすことができるのである．

すなわち，いま，上のような形の推件式が証明可能であ

ったとしてみる：

$$\left. \begin{array}{c} \vdots \\ \downarrow \\ \hline \Gamma \longrightarrow (A) \wedge (\neg(A)) \end{array} \right\} 証明 P$$

しからば，この証明 P を推論の規則によってつぎのようにのばすことにより，

$$\Gamma \longrightarrow$$

という推件式がまた証明可能となるであろう：

$$P \begin{cases} \\ \vdots \\ \Gamma \longrightarrow (A) \wedge (\neg(A)) \end{cases} \quad \begin{array}{c} \dfrac{A \longrightarrow A}{(A) \wedge (\neg(A)) \longrightarrow A} \\ \dfrac{}{\neg(A),\ (A) \wedge (\neg(A)) \longrightarrow} \\ \dfrac{}{(A) \wedge (\neg(A)),\ (A) \wedge (\neg(A)) \longrightarrow} \\ \dfrac{}{(A) \wedge (\neg(A)) \longrightarrow} \\ \hline \Gamma \longrightarrow \end{array} \quad \begin{array}{l} (左\wedge 1) \\ (左\neg) \\ (左\wedge 2) \\ (左減少) \\ (カット) \end{array}$$

逆に，今度は，$\Gamma \longrightarrow$ という式が証明可能であったとしてみる：

$$\left. \begin{array}{c} \vdots \\ \downarrow \\ \hline \Gamma \longrightarrow \end{array} \right\} 証明 Q$$

しかるときは，この証明 Q を下へのばして

$$\cfrac{\left.\begin{array}{c}\vdots\\\downarrow\\\hline\Gamma\longrightarrow\end{array}\right\}Q}{\Gamma\longrightarrow(A)\wedge(\neg(A))}\quad\text{(右増加)}$$

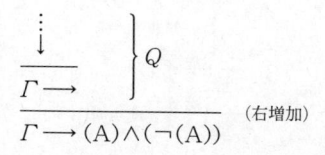

とすれば，$\Gamma\longrightarrow(A)\wedge(\neg(A))$ なる形の式もまた証明可能でなくてはならないことがわかる．すなわち，この場合，もとの理論からはパラドックスがでてくることになるのである．

以上をまとめれば，つぎのようになる：

一つの公理的理論にパラドックスが起るか起らないかは，それに対応する形式的体系において，各公理に対応する論理式の列を Γ としたとき，

$$\Gamma\longrightarrow$$

なる推件式が証明可能であるかないか，ということでもって，これを判定することができる．

さきに，

$$A_1,\ A_2,\ \cdots,\ A_m\longrightarrow$$

なる形の推件式に，'$A_1,\ A_2,\ \cdots,\ A_m$ なる仮設は矛盾する'という意味をつけたのは，実にこのような理由からであった．しかして，また，'$\longrightarrow$' という推件式を '矛盾する' と読んだのは，もし，かような推件式 $\longrightarrow$ が証明可能である場合には，

$$\begin{array}{c} \vdots \\ \downarrow \\ \hline \longrightarrow \\ \hline A \longrightarrow \end{array} \quad \text{(左増加)}$$

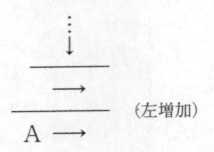

によって,いかなる仮設も矛盾する,という結果になるからにほかならないのである.

 一般に,一つの公理的理論に対応する形式的体系 S において,もとの理論の各公理に対応する論理式の列を Γ ——これを S の公理系という——としたとき,もし,推件式:

$$\Gamma \longrightarrow$$

が証明可能であるならば,その形式的体系は '矛盾する' といい,しからざる場合,それは '無矛盾' であると称する.

 これは,あきらかに,もとの公理的理論においてパラドックスが起るか起らないか,ということに対応しているわけである.

§2 無矛盾性の証明

 1. 前節においては,一つの公理的理論があたえられたとき,それに対応する形式的体系がいかにして作られるか,ということがあきらかとなった.

 本節では,一般に,形式的体系が無矛盾であることは,これを一体どのようにして証明するか,ということを一例

をあげることによって説明しようと思う．

われわれは，その材料として'群論'に対応する形式的体系Sをとることにする．前にものべたように，このSの公理系Γは，つぎの8個の論理式から成る列にほかならない（以下，誤解の恐れのないときは，括弧や，函数や述語の記号の右肩の'変数の数'は，これを適当にはぶいて書くことにする）：

$A_1: \forall x \forall y \forall z((x \circ y) \circ z = x \circ (y \circ z))$

$A_2: \forall x(x \circ e = x \wedge e \circ x = x)$

$A_3: \forall x(x \circ x' = e \wedge x' \circ x = e)$

$A_4: \forall x(x = x)$

$A_5: \forall x \forall y(x = y \supset y = x)$

$A_6: \forall x \forall y \forall z((x = y \wedge y = z) \supset x = z)$

$A_7: \forall x \forall y(x = y \supset x' = y')$

$A_8: \forall x \forall y \forall z \forall w((x = y \wedge z = w) \supset x \circ z = y \circ w)$

われわれは，この形式的体系Sの中で

$$\Gamma \longrightarrow$$

という推件式が決して証明可能ではないということ，いいかえれば，このような式を一番下の推件式として持つような証明は決してあり得ないということを，'有限の立場'に立って確認しようというのである．

2. われわれは，まず

$$\varDelta, \nabla$$

なる二つの対象を考え，その間につぎの規則によって演算を定義する（これらの対象の間の'ひとしい'という関係は，群論の中の等号と混同される恐れのないように，'≡'なる記号でもってあらわすことにしよう）：

$$\neg \varDelta \equiv \nabla, \quad \neg \nabla \equiv \varDelta$$
$$\varDelta \vee \varDelta \equiv \varDelta, \quad \varDelta \vee \nabla \equiv \varDelta, \quad \nabla \vee \varDelta \equiv \varDelta, \quad \nabla \vee \nabla \equiv \nabla$$
$$\varDelta \wedge \varDelta \equiv \varDelta, \quad \varDelta \wedge \nabla \equiv \nabla, \quad \nabla \wedge \varDelta \equiv \nabla, \quad \nabla \wedge \nabla \equiv \nabla$$
$$\varDelta \supset \varDelta \equiv \varDelta, \quad \varDelta \supset \nabla \equiv \nabla, \quad \nabla \supset \varDelta \equiv \varDelta, \quad \nabla \supset \nabla \equiv \varDelta$$

しかるときは，この表を用いていちいちためしてみれば容易にわかるように，a, b, c が $\varDelta, \nabla$ のどちらであろうとも，常につぎのような式が成立するのである：

1° $a \vee b \equiv b \vee a, \ a \wedge b \equiv b \wedge a$
2° $(a \vee b) \vee c \equiv a \vee (b \vee c), \ (a \wedge b) \wedge c \equiv a \wedge (b \wedge c)$
3° $(a \vee b) \wedge b \equiv b, \ (a \wedge b) \vee b \equiv b$
4° $\neg (a \vee b) \equiv (\neg a) \wedge (\neg b), \ \neg (a \wedge b) \equiv (\neg a) \vee (\neg b)$
5° $a \supset b \equiv (\neg a) \vee b$
6° $\neg \neg a \equiv a$
7° $a \vee \varDelta \equiv \varDelta, \ a \wedge \nabla \equiv \nabla$

たとえば，1° の左の式は

$$\varDelta \vee \varDelta \equiv \varDelta \vee \varDelta, \quad \varDelta \vee \nabla \equiv \varDelta \equiv \nabla \vee \varDelta, \quad \nabla \vee \nabla \equiv \nabla \vee \nabla$$

として,これをたしかめることができる.他の式も全く同様である.

さて,われわれは,ここで,形式的体系 S の中のあらゆる論理式に,それぞれ $\varDelta$ か ∇ かのいずれかを対応させるような仕方を帰納的に定義しよう.すなわち,各論理式に対応する値が $\varDelta$ か ∇ かのどちらかであるような函数 f を帰納的に定めよう,というのである.

(1) 対象式 s, t から作られた論理式 s=t に対しては

$$f(\mathrm{s}=\mathrm{t}) \equiv \varDelta$$

とおく.

(2) $f((\mathrm{A})\wedge(\mathrm{B})) \equiv f(\mathrm{A}) \wedge f(\mathrm{B})$
(3) $f((\mathrm{A})\vee(\mathrm{B})) \equiv f(\mathrm{A}) \vee f(\mathrm{B})$
(4) $f((\mathrm{A})\supset(\mathrm{B})) \equiv f(\mathrm{A}) \supset f(\mathrm{B})$
(5) $f(\neg(\mathrm{A})) \equiv \neg f(\mathrm{A})$
(6) 論理式 A が,一つの論理式 B(a) を基礎とし,これから,$\forall x(\mathrm{B}(x))$, $\exists x(\mathrm{B}(x))$ のようなものとして作られているときは

$$f(\mathrm{A}) \equiv f(\mathrm{B}(e))$$

とおく.ここに,B(e) は,B(a) における下線を引かれた a をば,すっかり e でおきかえ,かつ下線を全部とり去ってできる論理式である.

これらの定義によれば,われわれの形式的体系 S の公理

系 Γ : A_1, A_2, $\cdots$, A_8 における各論理式に対応する f の値は,すべて $\varDelta$ に等しいことが知られる.

たとえば,

$$A_1 : \forall x \forall y \forall z((x \circ y) \circ z = x \circ (y \circ z))$$

を考えよう.まず,この論理式は

$$A(a) : \forall y \forall z((\underline{a} \circ y) \circ z = \underline{a} \circ (y \circ z))$$

なる論理式より,$\forall x(A(x))$ なるものとして作られているのであるから,(6)によって

$$f(A_1) \equiv f(A(e))$$

しかるに,$A(e)$ は

$$B(a) : \forall z((e \circ \underline{a}) \circ z = e \circ (\underline{a} \circ z))$$

なる論理式より,$\forall y(B(y))$ なるものとして作られているから,再び(6)によって

$$f(A_1) \equiv f(A(e)) \equiv f(B(e))$$

しかるにまた,この $B(e)$ は

$$C(a) : (e \circ e) \circ \underline{a} = e \circ (e \circ \underline{a})$$

より,$\forall z(C(z))$ なるものとして作られているから

$$f(A_1) \equiv f(A(e)) \equiv f(B(e)) \equiv f(C(e)) \equiv f((e \circ e) \circ e = e \circ (e \circ e))$$

ところで，(1)によれば，この最右辺は $\varDelta$ に等しい．すなわち，

$$f(A_1) \equiv \varDelta$$

これと全く同様にして，

$$f(A_2) \equiv f(A_3) \equiv f(A_4) \equiv f(A_5) \equiv f(A_6) \equiv f(A_7) \equiv f(A_8) \equiv \varDelta$$

となることも知られるのである．

3. ここで，われわれは，後での必要上，つぎの定理を証明しておこう：

定理 1 論理式 A に含まれる任意の変数 $a_1, a_2, \cdots, a_n$ の幾つかに下線を引いた場合：

$$A(a_1, a_2, \cdots, a_n),$$

その下線を引かれた $a_1, a_2, \cdots, a_n$ に，どのような対象式 $r_1, r_2, \cdots, r_n$ を代入：

$$A(r_1, r_2, \cdots, r_n)$$

しようとも，常に

$$f(A) \equiv f(A(r_1, r_2, \cdots, r_n))$$

が成立する*．

---

* 今後，'代入' の際には，だまっていても，変数の下に引かれた線は必ずとりのぞくものと約束する．

証明　論理式についての一般帰納法で証明しよう．

(1°)　A が s=t という形をしているとき．

この場合，A の中の $a_1, a_2, \cdots, a_n$ の幾つかに下線を引けば，その下線を引かれた $a_1, a_2, \cdots, a_n$ は対象式 s や対象式 t の中にあるのであるから，その事情を示すために，これらの対象式を $s(a_1, a_2, \cdots, a_n)$, $t(a_1, a_2, \cdots, a_n)$ と書くことにしよう．

しからば

$$A(a_1, a_2, \cdots, a_n) : s(a_1, a_2, \cdots, a_n) = t(a_1, a_2, \cdots, a_n)$$

従って

$$A(r_1, r_2, \cdots, r_n) : s(r_1, r_2, \cdots, r_n) = t(r_1, r_2, \cdots, r_n)$$

しかるに，(1) によれば，これに対応する f の値も，A に対応する f の値も，ともに Δ なのであるから，当然これらは互に等しくなくてはならない：

$$f(A) \equiv f(A(r_1, r_2, \cdots, r_n)) \equiv \Delta$$

(2°)　論理式 B, C については定理は成立するとし，A はこれらから

$$B \vee C$$

なるものとして作られているとする．この場合，あきらかに，$A(a_1, a_2, \cdots, a_n)$ は $B(a_1, a_2, \cdots, a_n) \vee C(a_1, a_2, \cdots, a_n)$ というふうになっているわけである．

しかるときは，f の定義の (3)，および仮定により

$$f(A) \equiv f(B \vee C)$$
$$\equiv f(B) \vee f(C)$$
$$\equiv f(B(r_1, r_2, \cdots, r_n)) \vee f(C(r_1, r_2, \cdots, r_n))$$
$$\equiv f(B(r_1, r_2, \cdots, r_n) \vee C(r_1, r_2, \cdots, r_n))$$
$$\equiv f(A(r_1, r_2, \cdots, r_n))$$

よって，A についても定理の成立することが知られる．

A が $B \wedge C$, $B \supset C$, $\neg B$ のような形をしているときも，事情は全く同様である．

(3°) 論理式 B については定理は成立するとし，A は，B の中の変数 a の幾つかに下線を引き：

$$B(\underline{a}),$$

これから，$\forall x B(x)$ なるものとして作られているとする．

この場合，$A(a_1, a_2, \cdots, a_n)$ は，あきらかに $\forall x B(a_1, a_2, \cdots, a_n, x)$ というふうになっているわけである．

しかるときは，f の定義の (6)，及び仮定によって

$$f(A) \equiv f(\forall x B(x))$$
$$\equiv f(B(e))$$
$$\equiv f(B(r_1, r_2, \cdots, r_n, e))^*$$
$$\equiv f(\forall x B(r_1, r_2, \cdots, r_n, x))$$
$$\equiv f(A(r_1, r_2, \cdots, r_n))$$

よって，A についても定理は成立する．

Aが $\exists x \mathrm{B}(x)$ なる形のときも,事情は全く同様である.
こうして,定理は完全に証明された.

4. われわれは,一般に

$$T: \mathrm{A}_1, \mathrm{A}_2, \cdots, \mathrm{A}_m \longrightarrow \mathrm{B}_1, \mathrm{B}_2, \cdots, \mathrm{B}_n$$

なる形の推件式について,

$$f(\neg \mathrm{A}_1) \vee f(\neg \mathrm{A}_2) \vee \cdots \vee f(\neg \mathrm{A}_m) \vee f(\mathrm{B}_1) \\ \vee f(\mathrm{B}_2) \vee \cdots \vee f(\mathrm{B}_n)$$

をその '値' と呼び,$\varphi(T)$ でもってこれをあらわすことにしよう.

ただし,仮設,あるいは結論,あるいはさらにその両方ともが論理式を一つも含まないようなときは,それぞれ

$$\varphi(T) \equiv f(\mathrm{B}_1) \vee f(\mathrm{B}_2) \vee \cdots \vee f(\mathrm{B}_n)$$
$$\varphi(T) \equiv f(\neg \mathrm{A}_1) \vee f(\neg \mathrm{A}_2) \vee \cdots \vee f(\neg \mathrm{A}_m)$$
$$\varphi(T) \equiv \triangledown$$

とおくことに約束する.

しかるときは,つぎの定理が成立するのである.

定理2 形式的体系 S の任意の証明において,その一番

---

* $\mathrm{B}(a_1, a_2, \cdots, a_n, a)$ における $a_1, a_2, \cdots, a_n, a$ に,対象式 $a_1, a_2, \cdots, a_n, e$,あるいは対象式 $\mathrm{r}_1, \mathrm{r}_2, \cdots, \mathrm{r}_n, e$ を代入すれば,$\mathrm{B}(e)$ あるいは $\mathrm{B}(\mathrm{r}_1, \mathrm{r}_2, \cdots, \mathrm{r}_n, e)$ が得られる.よって,Bについての帰納法の仮定を用いることにより,$f(\mathrm{B}(e)) \equiv f(\mathrm{B}) \equiv f(\mathrm{B}(\mathrm{r}_1, \mathrm{r}_2, \cdots, \mathrm{r}_n, e))$ でなくてはならないことが知られる.

下にくる推件式の値は必ず $\varDelta$ に等しい.

証明 '証明'についての'一般帰納法'で証明しよう.
(1) 証明が最も簡単なもの,すなわち

$$A \longrightarrow A$$

なる形のただ一つの式からなるような場合.

その一番下の式は,とりもなおさず $A \longrightarrow A$ であるが,これの値は,定義によって,つぎのようになる.

$$f(\neg A) \vee f(A)$$

ところで,$f(A)$ は $\varDelta$ であるか $\triangledown$ であるか,いずれかであろう.

いま,$f(A) \equiv \varDelta$ であるとすれば

$$f(\neg A) \vee f(A) \equiv (\neg f(A)) \vee f(A) \equiv (\neg \varDelta) \vee \varDelta \equiv \triangledown \vee \varDelta \equiv \varDelta$$

また,$f(A) \equiv \triangledown$ であるとすれば

$$f(\neg A) \vee f(A) \equiv (\neg f(A)) \vee f(A) \equiv (\neg \triangledown) \vee \triangledown \equiv \varDelta \vee \triangledown \equiv \varDelta$$

よって,いずれにしても,定理は正しいといわなければならない.

(2) 証明 P_1, P_2 については定理は成立するものとし,一つの証明 P が,これら P_1, P_2 の下に'左 $\vee$'の形の推論をつけ加えることによってできているとする:

$$P_1 \begin{cases} \vdots & \vdots \\ A, A_1, A_2, \cdots, A_m \to B_1, B_2, \cdots, B_n & B, A_1, A_2, \cdots, A_m \to B_1, B_2, \cdots, B_n \end{cases} P_2$$
$$\frac{}{(A)\vee(B), A_1, A_2, \cdots, A_m \to B_1, B_2, \cdots, B_n} \text{(左∨)}$$

仮定によって, P_1, P_2 の一番下の式 T_1, T_2 の値:

$$\varphi(T_1) \equiv f(\neg A) \vee f(\neg A_1) \vee \cdots \vee f(\neg A_m) \vee f(B_1)$$
$$\vee \cdots \vee f(B_n)$$
$$\varphi(T_2) \equiv f(\neg B) \vee f(\neg A_1) \vee \cdots \vee f(\neg A_m) \vee f(B_1)$$
$$\vee \cdots \vee f(B_n)$$

は, ともに Δ である.

ここで, 場合を分けて考えよう.

$1°$ $f(\neg A_1) \vee \cdots \vee f(\neg A_m) \vee f(B_1) \vee \cdots \vee f(B_n) \equiv \Delta$ なる場合.

このときは, P の一番下の式の値は

$$f(\neg(A \vee B)) \vee f(\neg A_1) \vee \cdots \vee f(\neg A_m) \vee f(B_1)$$
$$\vee \cdots \vee f(B_n)$$
$$\equiv f(\neg(A \vee B)) \vee \Delta \equiv \Delta.$$

よって, 定理は成立する.

$2°$ $f(\neg A_1) \vee \cdots \vee f(\neg A_m) \vee f(B_1) \vee \cdots \vee f(B_n) \equiv \nabla$ なる場合.

このときは, $\varphi(T_1)$, $\varphi(T_2)$ はそれぞれ $f(\neg A) \vee \nabla$, $f(\neg B) \vee \nabla$ に等しい. 一方, 仮定によって, これらはともに Δ に等しいのであるから,

$$f(\neg A) \equiv f(\neg B) \equiv \varDelta$$

すなわち,

$$f(A) \equiv f(B) \equiv \triangledown$$

でなくてはならない.よって,P の一番下の式の値は

$$f(\neg (A \lor B)) \lor \triangledown \equiv (\neg (f(A) \lor f(B))) \lor \triangledown$$
$$\equiv (\neg (\triangledown \lor \triangledown)) \lor \triangledown \equiv (\neg \triangledown) \lor \triangledown \equiv \varDelta \lor \triangledown \equiv \varDelta$$

従って,この場合も定理は成立する.

$A_1, A_2, \cdots, A_m$,あるいは $B_1, B_2, \cdots, B_n$,あるいはその両方ともがないときも全く同様である.また,P_1, P_2 から P を作るときの推論が,'右 $\land$','左 $\supset$','カット' の形であるような場合も,事情は全く同様である.

(3) P_1 については定理は成立するものとし,一つの証明 P が,この P_1 の下に '左 $\lor$','右 $\land$','左 $\supset$','カット' 以外の形の推論,たとえば '左 $\forall$' の形の推論をつけ加えてできているとする:

$$\left. \begin{array}{c} \vdots \\ \hline A(t), A_1, \cdots, A_m \longrightarrow B_1, \cdots, B_n \\ \hline \forall x(A(x)), A_1, \cdots, A_m \longrightarrow B_1, \cdots, B_n \end{array} \right\} P_1 \quad (\text{左 } \forall)$$

仮定によって,P_1 の一番下の推件式 T_1 の値は $\varDelta$ に等しい:

$$\varphi(T_1) \equiv f(\neg A(t)) \vee f(\neg A_1) \vee \cdots \vee f(\neg A_m) \vee f(B_1)$$
$$\vee \cdots \vee f(B_n) \equiv \Delta$$

しかるに,定理1と,f の定義とによって

$$f(\forall x A(x)) \equiv f(A(e)) \equiv f(A(t))$$

故に,

$$f(\neg \forall x A(x)) \vee f(\neg A_1) \vee \cdots \vee f(\neg A_m) \vee f(B_1)$$
$$\vee \cdots \vee f(B_n)$$
$$\equiv (\neg f(\forall x A(x))) \vee f(\neg A_1)$$
$$\vee \cdots \vee f(\neg A_m) \vee f(B_1) \vee \cdots \vee f(B_n)$$
$$\equiv (\neg f(A(t))) \vee f(\neg A_1) \vee \cdots \vee f(\neg A_m) \vee f(B_1)$$
$$\vee \cdots \vee f(B_n)$$
$$\equiv \varphi(T_1) \equiv \Delta$$

すなわち,P の一番下の推件式の値も Δ に等しくなくてはならない.

P_1 から P をつくる際の推論が他の形のものであるような場合も,また,$A_1, A_2, \cdots, A_m$ や $B_1, B_2, \cdots, B_n$,あるいはさらにその両方ともがないようなときも,事情は全く同様である.

こうして,任意の'証明'について,その一番下の推件式の値の Δ であることがたしかめられたわけである.

5. さて,以上の事実を用いれば,形式的体系 S の無矛盾性は,これを至極簡単にたしかめることができる:

まず，Sの公理系 $\Gamma : A_1, A_2, \cdots, A_8$ から作られる推件式

$$T : \Gamma \longrightarrow$$

の値は ∇ に等しい．それは，上にのべておいたように

$$f(A_1) \equiv f(A_2) \equiv \cdots \equiv f(A_8) \equiv \varDelta$$

なのであるから，

$$\begin{aligned}\varphi(T) &\equiv f(\neg A_1) \vee f(\neg A_2) \vee \cdots \vee f(\neg A_8) \\ &\equiv (\neg f(A_1)) \vee (\neg f(A_2)) \vee \cdots \vee (\neg f(A_8)) \\ &\equiv (\neg \varDelta) \vee (\neg \varDelta) \vee \cdots \vee (\neg \varDelta) \\ &\equiv \nabla \vee \nabla \vee \cdots \vee \nabla \equiv \nabla\end{aligned}$$

として，これをたしかめることができる．

しかるに，上の定理によれば，いかなる証明をもってきたとしても，その一番下の推件式の値は $\varDelta$ でなければならない．

したがって，

$$\Gamma \longrightarrow$$

のような式は，決して，いかなる証明の下にもくることのできないものであることが知られる．これ，とりもなおさず，S が無矛盾であるということにほかならない．すなわち，ここに，群論の無矛盾性がたしかめられたわけである．

注意 ただ一つの元 a から成る集合 M をとり，

$$a \circ a = a, \qquad a' = a$$

と定義すれば，M とこの定義とは，群論のすべての公理を満足する．すなわち，これは，群論の公理系の一つの'モデル'となるのである．

普通，群論の無矛盾性は，この事実にもとづいて，つぎのように主張されている：

もし，群論の公理系から出発する正しい推論によってパラドックスが生じるならば，その推論は，この特別なモデルについても，当然，成立しなければならない．すなわち，上にあげられたモデルについての正しい推論から，あるパラドックスがでてくる，という結果になってくる．しかるに，このモデルのように，有限個の対象しか，ふくまないものについては，どんな命題をもってきても，それが正しいか正しくないかをいちいち調べることができ，しかも，おそらくは，普通の推論によっては，正しい命題からは正しい命題しかでてくることができないであろう．従って，そのように，パラドックスに導くような推論は起るはずがない——

くわしくはのべないが，本節であげた証明は，これをわれわれの採用した'有限の立場'から精密にのべかえて，'証明論'における一般的手法の見本となるようにしたものにほかならないのである．

6. 以上で，われわれは，形式的体系の無矛盾性が，大体どのような方法でもって証明されるか，ということを知ったわけである．

しかしながら，どのような形式的体系でも，上のようにうまく成功するとは限らない．前にものべたように，現

在，数学者の研究の対象となっている多くの理論は，大部分，全く無保証のままにのこされている有様なのである．

ただし，たとえば，'自然数論' が無矛盾であることについては，われわれが上に採用した有限の立場よりはかなり広い立場（すなわち，直観主義の立場）からする無矛盾性証明があたえられている*．しかし，実数論や集合論——もちろん，パラドックスが起りそうにもないように修正されたもの——の無矛盾性となると，ほとんど見当さえもつかないままにのこされている現状なのである．

さりながら，実際問題はともかくとして，一体どのようにすれば数学は基礎づけられるのであるか，という問題について，形式主義が，原則的に実行できる一貫した方法を提示した，ということはたしかであろう．

§3 結 び

1. 昔から，数学の性格，ないしはその基礎をめぐって，種々神秘的，形而上的な '議論' をなすものが多い．

それがいかに跳梁をきわめているかは，'一即多' とか，'万物は数である' とかいう類の，奇妙かつ難解な標語の氾濫をみればたりるであろう．

---

* あたえたのはゲンツェン（Gentzen, 1909～1945）．彼はその中である種の超限帰納法というものを用いていて，それが有限の立場からはみ出るものではないかと方々から批判を受けた．しかし，私はそのようなものは直観主義者があっさり認めるものだと考えている．かりに認めないなら，われわれは直観主義を見損なっていたのである．

'形式主義'のもたらした最も大きい成果の一つは，数学も，また，そのような一切の議論も，決して'絶対的な意味'を持たない，ということをあきらかにした点である．

　形式主義によれば，いかなる議論も，もしそれが他人に伝達され得るようなものであるのならば，それは必ず一つの'公理的理論'として整理されなければならず，従ってまた，かの'形式的体系'へと記号化されなければならない．

　しかして，この記号化された体系こそ，もとの議論の核心なのであり，それ以外のものは，他人には伝わらないところの枝葉末節にすぎない．

　従って，それらの一切の議論は，'先天的'に意味をもち'先天的'にたしかである，などということは絶対にできず，人によって，その受取り方になんらかの自由度があり得る，ということになるであろう．

　ところで，ひるがえって考えてみるに，形式主義においては，このような形式的体系の基礎づけを，いわゆる'有限の立場'に立って遂行しようとするのであった．

　実をいえば，上のような意味における形式主義に忠実たらんとすれば，この有限の立場に立った推論とても，先天的に意味をもち先天的に確実である，とはいえない'相対的'なものとみるべきなのである．たとえば，かの'一般帰納法'などの如きものも，推論に関する一つの'規約'にすぎない，といわなければならない．従って，正しくは，その立場に立っての議論は，ふたたび，一つの公理的理論

を経て形式的体系へと整備し,これを各人の受取り方にまかせることにしなければならないであろう.

さて,このようにすれば,形式主義は,形式的体系の構成を了解するための'最も原始的な直観'以外には何ものをも仮定しないものである,ということになってくる.そして,それと同時に,数学の'絶対的'な基礎づけというものも,また,全く消滅してしまうことになるであろう.

しかし,そうまでいわなくても,この有限の立場が,その'最も原始的な直観'からさして隔たらないものしか認めないものであり,従って,これが万人にとって,最も納得しやすく一致しやすいと思われる'最小'のものしか要求しない'最小の立場'である,ということは,ほぼ確実なのではあるまいか.

すなわち,われわれが上に述べた'証明論'は,その程度の客観的確実性はもっている,と考えて差支えないであろう.

2. 以上で証明論の解説を終える.

われわれは,紙数の制限のために,いたるところ筆を端折らなければならなかった.特に,証明論の種々興味ある模様を語りつくせなかったことは,きわめて残念である.

しかしながら,この小編が,幸いにして読者諸氏の関心をよび,この興味ある分野へのいささかの手引ともなるならば,著者として,その喜びこれに過ぎるものはない.

巷間において,'数学基礎論'は,ややもすればはなはだしい誤解をもって迎えられている.

その最も大きな原因の一つは，恐らくは，適当な紹介書がない，ということであろう．

　この見地から，本章は，もともと，この分野へのできるだけ忠実な紹介書たらんとするもくろみのもとに書かれたのであった．

　従って，たとえその内容は貧しかろうとも，読者が，これによって，'数学基礎論'の何たるかにある程度の見当をつけることができたとすれば，著者の意図の大半はそれで達せられた，といえるのである．

あとがき

「まえがき」でも述べたように，本書は『新初等数学講座』(1955年)を構成する諸書のうちの二冊：

  公　理（彌永昌吉・赤攝也）
  基礎論（赤攝也）

をまとめて一冊としたものである．

 なぜこのような本を57年もたった今ごろ出版するかについては明確な理由がある．

 本文でも述べたように，数学の隣に，数学全体を見渡す「証明論」という重要な理論がある．しかし今では研究者も少なく，しかも彼らの研究テーマは，この理論の当初の目標に役立つとは言えないものに偏向してしまっている．これはなんとかしなくてはならない事態である．小山書店の講座に含まれていた上記の二冊は，じつは本来の証明論の概要を説き，多くの人々にこの分野に関心を持ってもらい，あわよくばこの分野の研究者が増える一助ともなれば，という思いで書かれたものであった．

 むかしの本であるから文体も古いが，いまでもさして読みにくくはなく，人を引き付ける力も決して劣ってはいな

いと私（赤攝也）には思われた．これはとんだ手前味噌だが，いま新しく書き下ろしたとしても，彌永昌吉氏（1906-2006）の居られない今，私にはこれに優る書物はできないだろうと思われるのである．

　幸い筑摩書房が，むかしのままでよいということで出版を承諾されたことを私は幾重にも恩に着ている次第なのだ．

　『新初等数学講座』の「公理」は，上記のように彌永昌吉氏と私との共著であるが，氏は私の恩師である．一般に師匠と弟子の共著には，弟子が下書きを書き，師匠がそれを添削したというのが多いが，「公理」はそういうものではなく，完全な分担執筆である．それは文体の微妙な変化からも見てとられるであろう．彌永先生は，執筆にあたって，分担の部分をお互いに自由に書こうとおっしゃって下さったのだった．先生の文体と私の文体とはかなり似ていて，本書を通読しても，さしたる違和感は感じられないだろうと思う．

　本書の狙いは，まえがきにも書いたが，ひたすら「証明論」の再興の一助たろうということに尽きる．

　じつは，「証明論」には「ゲーデルの定理」という巨大な障壁があって，対象となる理論の無矛盾性を証明するには，その理論だけに頼っていたのでは駄目だということがわかっているのである．（ふつう，これを「（第2）不完全性定理」といっている．しかし，自分の正当性を証明できないというのが常識だろう．にもかかわらず，上の事実を

「不完全性定理」とよぶのはおかしくはないだろうか.）残された道は本文でも説明した可能な「有限の立場」（直観主義）の実力を究め，それだけに頼るしかないのだ．しかし最近の研究者にはこの方面に努力する人が「一人も（？）」居ない！

——このような，としよりの繰り言で本書を締めくくらなければならないことを心から残念に思う．

なお，本書の出版について，特にお世話になった亀井哲治郎氏ならびに編集部の海老原勇氏に深い感謝の意を表する．

2012 年 6 月 8 日

赤　攝也

付　記

数学の確実性はすべての哲学における重要な問題である．すなわち，どの哲学も，その哲学による「有限の立場」を用いての証明論を含むと言ってよい．

例えば，あらゆる明確な名辞には，それに対応するイデアがあり，それをわれわれは明確にイメージできるという，プラトンの理想主義のパロディを考えてみる．（もちろんこれも一つの哲学である．）この哲学においては，数学は，自然数，実数，群，環，位相空間等々の数学的対象の

イデアの考察だと考えることができる．しかし，このイデアという『明確な』イメージについての考察が『矛盾する』などというナンセンスは起こり得ない．したがって，数学は無矛盾である．

　このように，まともな哲学はその中にそれぞれ特有の証明論を含むのである．

　そのようなもののひとつの例を次の書物の末尾に紹介しておいた．参考にして頂きたい．

　　吉田洋一・赤　攝也　『数学序説』（ちくま学芸文庫）

2016 年 11 月 11 日

　　　　　　　　　　　　　　　　　　　　　赤　攝也

参考文献

　証明論への入門書はまことに少ない．ただ，以下にあげるクリーネの書物は，大部で読破するのにかなりの努力を要するが，得難い一冊である．有名な本なので，少し大きい図書館には大抵あると思う．

　S. C. Kleene, Introduction to Metamathematics. 1952. D. van Nostrand Company, Inc.

　現在までに得られている証明論の業績の最高峰はゲンツェンの自然数論の無矛盾性の証明であるが，それを発表したのは次の論文においてである．ぜひ読むとよい．

　G. Gentzen, Die Widerspruchsfreiheit der reinen Zahlentheorie, Mathematische Annalen, vol. 112. 1936.

　証明論に大きな障壁のあることを示したゲーデルの論文は

　K. Gödel, Über formal unentscheidbare Sätze der Principia Mathematica und verwandter Systeme I. Monatshefte für Mathematik und Physik, vol. 38, 1931.

である．（近年，これの解説付きの邦訳が出たことを岩波の「図書」で知ったが，私は見ていない（岩波文庫）．）この論文は実にすばらしいものであるが，これによって証明論の研究が徒労であると錯覚し，宣伝する向きがあるのは笑止千万でもあり，迷惑千万でもある．若い研究者を迷わすその罪は計り知れない．ゲーデル自身は証明論の健在を少しも疑ってはいないのだ．

近年，「数学基礎論」という用語が「証明論」の語よりも格段に広い意味に用いられ，証明論の外に華々しいものがたくさん現れてきているが（例えば「公理論的集合論」，「帰納的関数論」），それはそれで大いによろこばしいことである．しかし，数学基礎論の中心は，あくまでも証明論であることを忘れないでいただきたいと思う．

なお，書き忘れたが，上にあげたゲンツェンやゲーデルの論文の載っている雑誌（Math. Annalen や Monatshefte）は数物系の大学や研究所の図書館でないと見られないから御注意あれ．

本書は、一九六三年二月十日、ダイヤモンド社より刊行された「新初等数学講座 現代の数学」第1分冊『公理』および第6分冊『基礎論』を合本したものである。文庫化にあたり改題した。

熱学思想の史的展開 1	山本義隆	熱の正体は？ その物理的特質とは？ 『磁力と重力の発見』の著者による壮大な科学史。全面改稿。熱力学入門書としての評価も高い。
熱学思想の史的展開 2	山本義隆	熱力学はカルノーの一篇の論文に始まり骨格が完成した。"熱素説に立ちかえり、時代に半世紀も先行していた。理論のヒントは水車だったのか？
熱学思想の史的展開 3	山本義隆	隠された因子、エントロピーがついにその姿を現わす。そして重要な概念が加速的に連続的熱力学が体系化されていく。格好の入門篇。全3巻完結。
数学がわかるということ	山口昌哉	非線形数学の第一線で活躍した著者が〈数学とは〉をしみじみと、〈私の数学〉を楽しげに語る異色の数学入門書。（野﨑昭弘）
カオスとフラクタル	山口昌哉	ブラジルで蝶が羽ばたけば、テキサスで竜巻が起こる？ カオスやフラクタルの非線形数学の不思議をさぐる本格的入門書。（合原一幸）
数学文章作法 基礎編	結城浩	レポート・論文・プリント・教科書など、数式まじりの文章を正確で読みやすいものにするには？『数学ガール』の著者がそのノウハウを伝授！
数学文章作法 推敲編	結城浩	ただ何となく推敲していませんか？ 語句の吟味・全体のバランス・レビューなど、文章をより良くする具体的に効果的な方法を、具体的に学びたい。
数学序説	吉田洋一 赤攝也	数学は嫌いだ、苦手だという人のために。幅広いトピックを歴史に沿って解説。刊行から半世紀以上にわたり読み継がれてきた数学入門のロングセラー。
ルベーグ積分入門	吉田洋一	リーマン積分ではなぜいけないのか。反例を示しつつ、ルベーグ積分誕生の経緯と基礎理論を丁寧に解説。いまだ古びない往年の名教科書。（赤攝也）

現代の古典解析	森 毅	おなじみ一刀斎の秘伝公開！極限と連続に始まり、指数関数と三角関数を経て、偏微分方程式に至る、見晴らしのきく、読み切り22講義。
数の現象学	森 毅	4×5と5×4はどう違うの？きまりごとの算数からその深みへ誘う認識論的数学エッセイ。日常の中の数を歴史文化に探る。(三宅なほみ)
ベクトル解析	森 毅	1次元線形代数学から多次元へ、1変数の微積分から多変数へ。応用面とは異なる、教育的重要性を軸に展開するユニークなベクトル解析のココロ。
対談 数学大明神	安野光雅 森 毅	読み巧者の数学者と数学ファンの画家が、とめどなく繰り広げる興趣つきぬ数学談義。(河合雅雄・亀井哲治郎)
応用数学夜話	森口繁一	俳句は何兆まで作れるのか？安売りをしてもっとも効率的に利益を得るには？世の中の現象と数学をむすぶ読み切り18話。
フィールズ賞で見る現代数学	マイケル・モナスティルスキー 眞野元 訳	「数学のノーベル賞」とも称されるフィールズ賞。その誕生の歴史、および第一回から二〇〇六年までの歴代受賞者の業績を概説。
角の三等分	矢野健太郎	コンパスと定規だけで角の三等分は「不可能」！なぜ？古代ギリシアの作図問題の核心を平明懇切に解説「ガロア理論入門」の高みへと誘う。
エレガントな解答	矢野健太郎 一松信 解説	ファン参加型のコラムはどのように誕生したか。師アインシュタインと相対性理論、パスカルの定理などやさしい数学入門エッセイ。(一松信)
思想の中の数学的構造	山下正男	レヴィ＝ストロースと群論、ヘーゲルと解析学、孟子と関数概念……。数学的アプローチによる比較思想史。

電気にかけた生涯	ペートル・ベックマン 藤 宗 寛 治 訳	実験、観察にすぐれたファラデー、電磁気学にまとめたマクスウェル、ほかにクーロンやオームなど科学者十二人の列伝を通して電気の歴史をひもとく。
πの歴史	ペートル・ベックマン 田尾陽一/清水韶光訳	円周率だけでなく意外なところに顔をだすπ。ユークリッドやアルキメデスによる探究の歴史に始まり、オイラーの発見したπの不思議にもいたる。
やさしい微積分	L・S・ポントリャーギン 坂 本 實 訳	微積分の基本概念・計算法を全盲の数学者がイメージ豊かに解説。版を重ねて読み継がれる定番の入門教科書。練習問題・解答付きで独習にも最適。
フラクタル幾何学(上)	B・マンデルブロ 広中平祐監訳	「フラクタルの父」マンデルブロの主著。膨大な資料を基に、地理、天文・生物などあらゆる分野から事例を収集・報告したフラクタル研究の金字塔。
フラクタル幾何学(下)	B・マンデルブロ 広中平祐監訳	「自己相似」が織りなす複雑で美しい構造とは。その数理とフラクタル発見までの歴史を豊富な図版とともに紹介。
工学の歴史	三 輪 修 三	オイラー、モンジュ、フーリエ、コーシーらは数学者であり、同時に工学の課題に方策を授けていた。「ものつくりの科学」の歴史をひもとく。
ユークリッドの窓	レナード・ムロディナウ 青 木 薫 訳	平面、球面、歪んだ空間、そして……。幾何学的世界像は今なお変化し続ける。『スタートレック』の脚本家が誘う三千年のタイムトラベルへようこそ。
ファインマンさん 最後の授業	レナード・ムロディナウ 安 平 文 子 訳	科学の魅力とは何か? 創造とは、そして死とは? 老境を迎えた大物理学者との会話をもとに書かれた、珠玉のノンフィクション。 (山本貴光)
生物学のすすめ	ジョン・メイナード=スミス 木 村 武 二 訳	現代生物学では何が問題になるのか。20世紀生物学に多大な影響を与えた大家が、複雑な生命現象を理解するためのキー・ポイントを易しく解説。

素粒子と物理法則
S・P・ファインマン／
S・ワインバーグ／
小林澈郎訳

量子論と相対論への応用いちじるしいディラックのテーマを対照的に展開したノーベル賞学者による追悼記念講演。現代物理学の本質を堪能させる三重奏。

ゲームの理論と経済行動 I（全3巻）
ノイマン／モルゲンシュテルン
銀林／橋本／宮本監訳
阿部／橋本／宮本訳

今やさまざまな分野への応用著しい「ゲーム理論」の嚆矢とされる記念碑的著作。第Ⅰ巻はゲームの形式的記述とゼロ和2人ゲームについて。

ゲームの理論と経済行動 II
ノイマン／モルゲンシュテルン
銀林／橋本／宮本監訳
銀林／橋本／宮本／下島訳

第Ⅰ巻でのゼロ和2人ゲームの考察を踏まえ、第Ⅱ巻ではプレイヤーが3人以上の場合のゼロ和ゲーム、およびゲームの合成分解について論じる。

ゲームの理論と経済行動 III
ノイマン／モルゲンシュテルン
銀林／橋本／宮本監訳
銀林／橋本／宮本訳

第Ⅲ巻では非ゼロ和ゲームにまで理論を拡張。これまでの数学的結果をもとについにいよいよ経済学的解釈を試みる。全3巻完結。

計算機と脳
J・フォン・ノイマン
柴田裕之訳

脳の振る舞いを数学で記述することは可能か？ 現代のコンピュータの生みの親でもあるフォン・ノイマン最晩年の考察。新訳。（野﨑昭弘）

数理物理学の方法
J・フォン・ノイマン
伊東恵一編訳

多岐にわたるノイマンの業績を展望するための文庫オリジナル編集。本巻は量子力学・統計力学など物理学の重要論文四篇を収録。全篇新訳。

作用素環の数理
J・フォン・ノイマン
長田まりゑ編訳

終戦直後に行われたノイマン講演「数学者」と、「作用素環論について」I〜IVの計五篇を収録。一分野としての作用素環論を確立した記念碑的業績を。

フンボルト 自然の諸相
アレクサンダー・フォン・フンボルト
木村直司編訳

中南米オリノコ川で見たものとは？ 植生と気候、緯度と地磁気などの関係を初めて認識した、自然学を継ぐ博物・地理学者の探検紀行。

新・自然科学としての言語学
福井直樹

気鋭の文法学者によるチョムスキーの生成文法解説書。文庫化にあたり旧著を大幅に増補改訂し、付録として黒田成幸の論考「数学と生成文法」を収録。

数学の楽しみ	テオニ・パパス 安原和見訳	ここにも数学があった！ 石鹸の泡、くもの巣、雪片曲線、一筆書きパズル、魔方陣、DNAらせん……。イラストも楽しい数学入門150篇。
相対性理論（下）	W・パウリ 内山龍雄訳	アインシュタインが絶賛し、物理学者内山龍雄をして「研究に入門したかったと言わしめた、相対論三大名著の一冊。
物理学に生きて	W・ハイゼンベルクほか 青木薫訳	「わたしの物理学は……」ハイゼンベルク、ディラック、ウィグナーら六人の巨人たちが集い、それぞれの歩んだ現代物理学の軌跡や展望を語る。
調査の科学	林知己夫	消費者の嗜好や政治意識を測定するとは？ 集団特性の数量的表現の解析手法を開発した統計学者による社会調査の論理と方法の入門書。(吉野諒三)
ポール・ディラック	アブラハム・パイスほか 藤井昭彦訳	「反物質」なるアイディアはいかに生まれたのか、そしてその存在はいかに発見されたのか。天才の生涯と業績を三人の物理学者が紹介した講演録。
近世の数学	原亨吉	ケプラーの無限小幾何学からニュートン、ライプニッツの微積分学誕生に至る過程を、原典資料を駆使して考証した世界水準の作品。(三浦伸夫)
パスカル 数学論文集	ブレーズ・パスカル 原亨吉訳	『パスカルの三角形』で有名な「数三角形論」ほか、『円錐曲線論』『幾何学的精神について』など十数篇の論考を収録。世界的権威による翻訳。(佐々木力)
幾何学基礎論	D・ヒルベルト 中村幸四郎訳	20世紀数学全般の公理化への出発点となった記念碑的著作。ユークリッド幾何学を根源まで遡り、斬新な観点から厳密に基礎づける。
和算の歴史	平山諦	関孝和や建部賢弘らのすごさと弱点とは。そして和算がたどった歴史とは。和算研究の第一人者による簡潔にして充実の入門書。(鈴木武雄)

現代数学への道	中野茂男	抽象的・論理的な思考法はいかに生まれ、何を生む？　入門者の疑問やとまどいにも目を配りつつ、数学の基礎を軽妙にもレクチャー。（松信）
生物学の歴史	中村禎里	進化論や遺伝の法則は、どのような論争を経て決着しためだろう。生物学とその歴史を高い水準でまとめあげた壮大な通史。充実した資料を付す。
不完全性定理	野﨑昭弘	理屈っぽいとケムたがられる話題を、なるほどと納得させながら、ユーモアたっぷりにひもといたゲーデルへの超入門書。
数学的センス	野﨑昭弘	美しい数学とは詩なのです。いまさら数学者にはなれないけれどそれを楽しめたら……。そんな期待に応えてくれる心やさしいエッセイ風数学再入門。
高等学校の確率・統計	黒田孝郎／森毅／小島順／野﨑昭弘ほか	成績の平均や偏差値はおなじみでも、実務の水準とは隔たりが！　基礎からやり直したい人のために伝説の検定教科書を指導書付きで復活。
高等学校の基礎解析	黒田孝郎／森毅／小島順／野﨑昭弘ほか	挫折のきっかけの微分・積分。その基礎を丁寧にひもといた日常感覚に近いものながら、数学もといた再入門のための検定教科書第2弾！
高等学校の微分・積分	黒田孝郎／森毅／小島順／野﨑昭弘ほか	高校数学のハイライト「微分・積分」！　その入門コース『基礎解析』に続く本格コース。公式暗記の学習からほど遠い、特色ある教科書の文庫化第3弾。
トポロジーの世界	野口廣	ものごとを大づかみに捉える！　その極意を、数式に不慣れな読者との対話形式で、図を多用し平易・直感的に解き明かす入門書。（松本幸夫）
エキゾチックな球面	野口廣	7次元球面には相異なる28通りの微分構造が可能！　フィールズ賞受賞者を輩出したトポロジー最前線を臨場感ゆたかに解説。（竹内薫）

ちくま学芸文庫

公理と証明　証明論への招待

二〇一二年　九月十日　第一刷発行
二〇一六年十二月五日　第三刷発行

著　者　彌永昌吉（いやなが・しょうきち）
　　　　赤　攝也（せき・せつや）

発行者　山野浩一
発行所　株式会社　筑摩書房
　　　　東京都台東区蔵前二-五-三　〒一一一-八七五五
　　　　振替〇〇一六〇-八-四二三三

装幀者　安野光雅
印刷所　株式会社加藤文明社
製本所　株式会社積信堂

乱丁・落丁本の場合は、左記宛に御送付下さい。
送料小社負担でお取り替えいたします。
ご注文・お問い合わせも左記へお願いします。

筑摩書房サービスセンター
埼玉県さいたま市北区櫛引町二-一六〇四　〒三三一-八五〇七
電話番号　〇四八-六五一-〇〇五三

©SHIGEKO MASUMOTO/SETSUYA SEKI 2012
Printed in Japan
ISBN978-4-480-09481-0　C0141